新品种菠萝

金菠萝（MD2）及其果实

红皮菠萝

香水（台农 11 号）

甜蜜蜜（台农 16 号）

金钻（台农 17 号）

维多利亚

菠萝生理病害

裂柄

日灼

水心

菠萝主要病虫害

凋萎病

菠萝黑心病

菠萝炭疽病（罗志文摄）

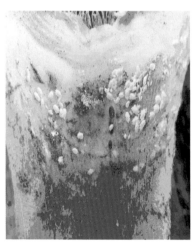

菠萝粉蚧（林壁润摄）

菠萝新品种及优质高产栽培技术

贺军虎　主编

中国农业科学技术出版社

图书在版编目（CIP）数据

菠萝新品种及优质高产栽培技术／贺军虎主编．—北京：中国农业科学技术出版社，2015.12

ISBN 978－7－5116－2414－7

Ⅰ．①菠…　Ⅱ．①贺…　Ⅲ．①菠萝－果树园艺　Ⅳ．①S668.3

中国版本图书馆 CIP 数据核字（2015）第 307099 号

责任编辑　贺可香

责任校对　贾海霞

出 版 者　中国农业科学技术出版社

北京市中关村南大街 12 号　邮编：100081

电 　 话　(010)82106638(编辑室)　　(010)82109702(发行部)

(010)82109709(读者服务部)

传 　 真　(010)82106650

网 　 址　http://www.castp.cn

经 销 者　各地新华书店

印 刷 者　北京富泰印刷有限责任公司

开 　 本　850mm×1 168mm　1/32

印 　 张　4.5　彩插　4 面

字 　 数　140 千字

版 　 次　2015 年 12 月第 1 版　2016 年 7 月第 2 次印刷

定 　 价　22.00 元

《菠萝新品种及优质高产栽培技术》
编　委　会

主　　编： 贺军虎

副 主 编： 陈华蕊　黄海杰　王金辉　黄华宁

编写人员： 贺军虎　陈华蕊　黄海杰　王金辉

　　　　　　黄华宁　张　贺　李卫亮　周海兰

　　　　　　赵小青　党志国　何书强　张中润

　　　　　　黄伟坚　魏军亚　荣　涛

前　　言

巴厘品种的种植面积仍然占据我国菠萝栽培面积的 80% 多，但金菠萝、香水菠萝、金钻菠萝等新品种的栽培也受到了普遍的关注和积极的推广。由于这些新品种生长旺盛难以催花、果实施肥管理不当容易出现生理病害、成熟晚于巴厘，所以，在生产中大面积推广仍然有一定的难度。但是，这些新品种因其味道好、产量高、效益高而日益受到栽培者的重视。本书在近年生产和研究的基础上，详细介绍了我国目前最新的菠萝品种，并从优质栽培技术、产期调节栽培、病虫害防治等几个主要方面，详细地叙述了其理论和技术要点，深入浅出，适宜广大科技工作者和种植技术人员使用。由于编者技术水平有限，难免出现纰漏和错误，希望不吝赐教。

谨以此书献给为我国菠萝科研做出过杰出贡献的梁李宏同志。

编　者

2015 年 9 月

目　录

第一章　概　述

菠萝（*Ananas comosus*）又称凤梨，原产于巴西和巴拉圭的亚马逊盆地，15 世纪后逐步传至中美洲、西印度群岛、欧洲、非洲、亚洲、大洋洲等热带和亚热带地区，现广泛种植于南、北回归线之间的 80 多个国家和地区，主要生产国有泰国、菲律宾、中国、印度尼西亚、巴西、美国、肯尼亚等。菠萝主要用来鲜食，消费市场集中在发达国家，加上菠萝并不耐贮运，所以，经常制作成菠萝罐头、菠萝汁。菠萝罐头被誉为"国际性果品罐头"，是水果类中最大的制罐产品。泰国和菲律宾是世界主要的菠萝罐头生产国和出口国；菠萝鲜果出口国主要是哥斯达黎加和菲律宾，中国生产的菠萝主要用于内销。

第一节　菠萝营养成分及生产的意义

菠萝果实甜酸可口，风味独特，营养丰富。每 100g 菠萝含水分 87.1g，碳水化合物 8.5g，蛋白质 0.5g，纤维 1.2g，脂肪 0.1g，钾 126mg，钙 20mg，钠 1.2mg，尼克酸 0.1mg，锌 0.08mg。菠萝富含维生素 A、维生素 B、维生素 C，含有的蛋白分解酵素（Bromelin）具有类似木瓜酵素（Papain）的效能，可以分解蛋白质，帮助消化。我国传统中医认为，菠萝味甘、微酸，性平，有生津止渴、润肠通便、利尿消肿、去脂减肥等功效。欧洲营养学会也证实，菠萝具有神奇的减肥功效。

菠萝耐旱、耐瘠薄、怕涝、抗风。我国华南五省适合菠萝栽培的地方很多，在台风频发的广东雷州半岛和海南岛，有大片适宜菠萝生产的丘陵、坡地，这些区域温度适宜，种植菠萝风险比较小，效益比较高，有广阔的发展前途。经过多年发展，这些地区已经成为我国传统的菠萝栽培区，种植菠萝已成为了当地农民收入的主要来源。

近年来，香蕉由于枯萎病的影响，效益明显下降，而菠萝的生产效益较之稳定，风险性少，使得很多种植香蕉、甘蔗的公司及农户转而生产菠萝，进而不断涌现出一批批新的菠萝种植公司，使菠萝产业的发展集约化程度得到提高，而新品种、新技术也得到推广，为菠萝产业的发展注入了新活力。

第二节　世界菠萝产业的概括

一、世界菠萝总体格局

菠萝产量占世界热带水果总量的20%，全球共有80多个国家和地区进行菠萝生产。到2010年，菠萝种植面积为906 541hm^2，主要产区是东南亚地区，其他依次是拉丁美洲的加勒比海、非洲、大洋洲。到2012年，世界主要生产菠萝的国家依次为泰国、哥斯达黎加、巴西、菲律宾、印度尼西亚、印度、中国、墨西哥、哥伦比亚。这些国家的菠萝生产量占世界菠萝生产量的70%以上。其中，巴西、泰国、菲律宾和中国是重要的菠萝生产国，产量占世界的52%，其他的国家如印度、肯尼亚、印度尼西亚、墨西哥和哥斯达黎加生产着其余的48%的份额。1960—2010年，世界菠萝的生产量增加了400%。其中，新品种金菠萝的贡献较大。

虽然世界菠萝主产国在近10年内面积和产量都有所增加，但各个主产国间的单产差异很大。其中，印度尼西亚的单产最高，1998—2008年，平均为72t/hm^2，最低年份为2000年的44t/hm^2，最高年份为2008年的117.8t/hm^2。其次是哥斯达黎加，

10 年间平均单产为 66. 9t/hm²。墨西哥和肯尼亚平均单产水平分别为 42t/hm² 和 41. 5t/hm²。巴西和泰国虽然在产量上位居世界前 2 位，但平均单产水平不高，分别为 35t/hm² 和 23t/hm²。中国的平均单产水平更低，仅有 21. 6t/hm²。在 10 个菠萝主要生产国中，尼日利亚的单产水平最低，平均单产仅有 7t/hm²，仅相当于印度尼西亚单产水平的 1/10。单位面积产量的差异主要与品种、集约化程度和管理水平密切相关，卡因类一般产量较高，而皇后类一般产量较低。

世界各国菠萝种植面积的改变、地域的变迁主要是由于成本和比较效益引起的。历史上，夏威夷曾经是世界最大的菠萝生产者，是美国菠萝消费的主要来源地，都乐金菠萝和毛伊岛菠萝公司的金夏威夷品种（Hawaiian Gold）在过去 10 年获得了迅速的推广与普及，这些品种是夏威夷菠萝研究所 20 世纪 70 年代最先选育的。目前，由于成本的原因，罐藏菠萝在夏威夷的生产停止了，大型公司转而迁移到泰国等地，其生产的鲜果菠萝可以销往日本、美国的西海岸和夏威夷等地，而夏威夷的菠萝主要种植在 Maui 岛和 Oahu 岛。

二、世界菠萝资源和品种选育的概况

菠萝起源于中南美洲，国外普遍重视菠萝的种质资源收集、评价和育种研究，抢占种质资源和品种上的优势。巴西收集种质近 700 份，法国保存 600 多份，美国夏威夷大学保存 200 多份。夏威夷菠萝研究所已筛选出 Champaka、F153、F180 等 30 多个卡因类无性系，杂交培育出 53 - 116（Hawaiian Gold）、73 - 50（CO - 2）、73 - 114（金菠萝，MD2）等鲜食品种，其中，金菠萝果肉金黄，含糖量高，Vc 含量高达 600mg/kg，是鲜果菠萝市场的主要品种。巴西筛选出 122 份抗镰刀菌的种质，杂交培育出 2 个抗病高产优质品种 Imperial 和 Vitoria。澳大利亚培育出 Aus -

Jubilee 和 Aus - Carnival 等 7 个低酸、高糖、高 Vc、香味浓郁的鲜食品种。法国构建了 2 个种的基因图谱，选育出鲜食加工兼用品种 Scarlett、Flhoran41 和 Flhoran53，其中，Flhoran41 胡萝卜素含量比卡因种高 2.5 倍，而且可滴定酸与可溶性固形物含量也高于卡因种。马来西亚培育出生长周期短（11.2 个月）的鲜食品种 Josapine，获得一批有潜力的早产种质 A04 - 16、AF3（80）、Hi - IndexOC3 等。

菠萝品种有 100 多个，但是只有 6~8 个品种作为商业种植，其中，包括来自于卡因类群的金菠萝品种。金菠萝品种成熟时果皮为金色，果肉甜而低酸、少纤维，最先引入哥斯达黎加，目前，已经成为拉丁美洲和亚洲的一个标准品种。

我国菠萝产业是建立在引进其他国家和地区品种资源的基础上发展起来的，目前，资源有 200 多份。种植以巴厘品种为主。近年来，先后引进了我国台湾的系列品种，主要有台农 11 号、16 号、17 号，在海南西部重点得到推广。2004 年前后先后引进了香水、金钻、澳大利亚卡因、金菠萝等在海南乐东的万钟农场得到大面积的推广，西北其他地方也有小面积的其他品种种植。

三、鲜菠萝贸易市场结构

菠萝贸易包括鲜果和加工产品贸易，以鲜菠萝贸易为主。多年统计数据表明，菠萝主导着热带水果的贸易，一直占据热带水果贸易额的 50% 左右，而第二位的芒果只占 22% 左右。10 个国家占有着 90% 的菠萝鲜果消费，主要是美国，其他依次为法国、日本、比利时、意大利、德国、加拿大、西班牙、英格兰、韩国，荷兰和新加坡分享着其余的份额。过去 10 年，世界菠萝的鲜果、果汁和罐头贸易成倍地增加。现在，50% 的菠萝收获后在出口市场销售，随着菠萝鲜果和果汁消费需求的增加，每年的需求达到了 300 亿磅。菠萝出口产业已经形成了一个联合产业链。

世界鲜果菠萝出口国主要是哥斯达黎加和菲律宾。其中，哥斯达黎加是世界第一大鲜菠萝出口国，占世界总出口量的51.6%，总出口额的37.2%，其境内的 Del Monte 公司是世界上最大的鲜菠萝出口商，主要供应美国和欧盟两大消费市场。菲律宾是第二大鲜菠萝出口国，占世界总出口量的10.3%，总出口额的4%，主要供应东亚最大的消费市场日本。

都乐食品有限公司是全球第二鲜菠萝大生产者，是世界最大的新鲜水果生产和销售商，也销售蔬菜、新鲜的切花和包装食品，菠萝收入占其水果收入的8%。菠萝主要种植在都乐的农场、租借地和其在拉丁美洲（主要是哥斯达黎加）、菲律宾、泰国和其他的独立经营的农场，都乐公司在哥斯达黎加、洪都拉斯、厄瓜多尔分别拥有超过 73 000 英亩（2.4711 英亩 ≈ 1hm^2。全书同）、6 600英亩、3 000英亩的土地，均在进行菠萝生产。

四、菠萝罐头贸易市场结构

世界菠萝罐头出口国主要是泰国、菲律宾、印度尼西亚、肯尼亚、中国，出口较多的还有越南、马来西亚。其中，泰国是世界第一大菠萝罐头出口国，出口市场覆盖106个国家和地区，国际市场占有率近20年来平均达到41%。近年来，由于菲律宾和印度尼西亚的竞争，加上美国对泰国罐头出口征收反倾销税，泰国菠萝罐头出口量有所下降，并丧失了在美国市场上的垄断地位，但在欧洲市场的优势仍然保留。菲律宾作为第二大菠萝罐头出口国，是美国和日本市场的最大供应者，出口量占世界总出口量的20%。印度尼西亚的菠萝罐头出口占其加工品出口的80%以上，出口目的地已达50多个。我国的菠萝罐头出口量世界排名为第四位或第五位。

第三节　中国菠萝产业的发展状况

一、分布与品种结构

我国大陆菠萝生产区域主要在广东、海南、广西壮族自治区（全书简称广西），云南、福建等也有一定的种植面积。到 2012 年，全国种植面积为 5.9 万 hm²，广东、海南种植面积分别达到 2.98 万 hm² 和 1.69 万 hm²，产量分别为 82.10 万 t 和 34.27 万 t，广东和海南种植面积占全国菠萝总面积的 80%，足以见得两省菠萝在全国菠萝产业中的地位。

我国菠萝栽培品种比较单一，主要是巴厘（Comte de paris）品种，占菠萝栽培面积的 80%，其余的 15% 左右是无刺卡因，少量为台农 11 号、17 号、16 号以及神湾等其他品种。广东菠萝绝大部分种植在雷州半岛，珠三角地区的中山市、广州市以及潮汕地区各有一定的栽培。海南菠萝种植主要集中于万宁、琼海，东部品种以巴厘为主，近年也引种了一些新的菠萝品种，如金菠萝以及台农系列品种，种植在海南岛西部。广西菠萝大多数分布在南宁市及其周边的崇左、防城港等地，主栽品种是巴厘（当地称菲律宾种），约占总面积的 90%，其次是澳大利亚卡因、台农 17 号，其他品种比例少。福建菠萝主要分布在漳州、泉州等地，主要是卡因类、巴厘类以及少量台湾品种。云南菠萝主要分布于红河、西双版纳、德宏等地，主要种植有巴厘品种及无刺卡因。

广东的雷州半岛由于台风频发，相比其他作物种植菠萝风险比较小，是我国菠萝最大的种植区域，主要品种为巴厘。该区域有丰收公司等大型的种植加工一体化的农垦公司，有菠萝罐头和菠萝汁加工厂。农业部菠萝种质资源圃位于湛江市郊区的中国热带农业科学院南亚热带作物研究所内，该研究所菠萝研究实力强大，该区域资源、种苗、生产技术、加工技术研究相互衔接，相关的公司构成产业链的完整性为全国第一。

海南菠萝在我国菠萝产业中的优势地位十分明显。由于年均温高于广东，具有比较强的日照强度，海南菠萝成熟期早于广东菠萝1个月左右。因此，海南生产的菠萝成熟早、糖度高，且能最早占据国内市场，具备了比较好的市场优势。这是海南菠萝产业与其他省份相比独有的产业优势。同时，海南是我国菠萝栽培新品种引进最多的地区，主要由台商引进和推广，新品种菠萝主要种植在海南的西部，其中，香水菠萝主要种植在昌江境内，面积比较大，金钻菠萝主要种植在东方、昌江、万宁、定安，甜蜜蜜主要种植在澄迈。目前，海南由台商引进的新品种，采用种植大苗、地膜覆盖和水肥一体化等种植模式，已经成为菠萝生产中增加产量和提高品质的一个重要措施，加上大型公司的介入，推动了海南菠萝生产水平和标准化的提高。

我国台湾地区的菠萝主要种植在台中、彰化以南，比较重要的产区则集中在台湾南部。按照栽培面积从大到小依次为屏东、台南、高雄及嘉义县，这些地区的面积占台湾岛菠萝种植面积的78%，其余各地占22.4%左右。其中，屏东的种植面积最大，为2 700hm^{2}左右。

我国台湾早年的菠萝发展以加工制罐外销为主，卡因种是主要的栽培品种，但是，近30年来，为适应国际经济结构变迁及开拓鲜果销售市场，台湾农业试验所嘉义分所进行了高品质鲜食菠萝的品种选育工作，并陆续推出了台农11号（香水）、台农13号（冬蜜）、台农16号（甜蜜蜜）、台农17号（金钻）、台农18号（金桂花、桂蜜）及台农19号（蜜宝）等酸度低、糖度高、品质优良且具有特殊风味及不同生产采收期的菠萝品种。近年来，这些品种已陆续推广到海南岛及内陆地区。

二、我国菠萝发展存在的问题

（一）品种单一，新品种的推广范围不大

世界菠萝的主要栽培品种为卡因类，但我国菠萝主栽品种是巴厘，属于皇后类，我国 80% 的种植面积种植该品种。巴厘早熟、香味浓郁、果皮颜色鲜艳，耐贮运，货架期长，主要用来鲜食销售。这一方面与我国人民喜欢甜食的消费习惯有关；另一方面与我国菠萝加工企业数量不多和实力不强、销售加工型果实效益不高有关。虽然巴厘品种具有抗性强和适应性广的优点，但由于长期的无性繁殖和规模化应用，已明显表现出种性退（老）化、果实商品价值欠佳等缺点。

另外，由于卡因及其杂种的新品种生长量大，催花难度比较大，需要更多的人工成本，生产水平要求较高，加上其货架期较短，冷链运输及其销售无法实现，推广面积不大。而巴厘作为一个耐运输和贮藏的品种，成熟时外表美观，受到众多小商贩的青睐。

（二）品种选育工作滞后

我国菠萝产业是在引进国外优良品种的基础上建立起来的，育种工作起步较晚，当家栽培品种巴厘也是从国外引进的。世界菠萝栽培面积以卡因类为主。目前，印尼的主要栽培品种为卡因，少量为巴厘；菲律宾打入我国市场的品种是都乐金菠萝，其国内主要种植还有 Smooth Cayenne、Hawaiian、Queen、African Queen；我国台湾主种植金钻、香水菠萝和甜蜜蜜；泰国主要种植的 Pattawia、Sri – Ratcha、Phuket、Pulare；而在欧美市场以销售卡因菠萝、Sugar Loaf 和维多利亚为主。

近年来，我国从国外引进了近乎 200 个品种，并开展资源鉴定和评价工作，选育出了适宜国内发展的香水菠萝、金钻和甜蜜蜜等菠萝品种。其中，香水菠萝风味清甜、有特殊香味；甜蜜蜜菠萝果型好、果实大，冠芽小而直，香味浓郁；金钻菠萝果型端庄、果肉甘甜，丰产。这几个品种通过引进试种已得到稳定的发展。近几年，通过我们的试验和筛选，发现海南西南、中西部、东南部适合金菠萝的种植，其果肉橙黄色、糖度高，且冠芽长度较短，是值得发展的中早熟鲜食和加工两用型的菠萝品种，但其芽苗繁殖率很低。此外，还筛选了诸如维多利亚和 soft touch 等优良品种，其中，维多利亚糖度高，成熟早，丰产性能比较好，耐放。

（三）规模化、标准化生产程度低

我国的菠萝栽培以小面积集中连片栽培为主，大规模企业化生产较少，标准化的生产技术规程缺乏以及果农生产的果实品质之间差异较大，是限制我国菠萝品质提高的主要因素。实行标准化生产，可以避免目前菠萝种植中的操作不规范现象，确保品质一致，符合国际市场的需求，打开菠萝出口的大门。坚决贯彻和执行标准化技术规程，合理施肥，限定赤霉素的使用次数和剂量，对保证果实品质关系重大，为果农协会和当地政府组织营销提供可操作性技术。近年来，我国农垦总局已经制定了《菠萝标准化生产示范园技术规程》，为标准化的实施提供了技术保证。有组织的实施和龙头企业的示范带头将成为标准化生产能否得以贯彻实施的重要基础。

（四）营销渠道单一，缺乏市场话语权

经过十几年的发展，我国菠萝种植暴露出品种单一，销售时间过分集中，销售方式主要采用小客商上门订购的方式，营销网络难以固定，市场信息不畅顺，小果农没有形成规模化生产，没有优良的品牌意识，加上对市场的信息量不足，不能针对市场需求进行生产，没有市场价格的话语权，生产的风险比较大。在海南，多由销售商议价和统一采购包装，果农只拿到了生产的利润。国外的大公司如都乐公司生产的金菠萝，有自己的销售网络和农场，基本处于垄断的局面。

（五）菠萝生产基地设施落后

我国菠萝种植园大都分布在干旱坡地，常是露地成片种植，或是与林果间作，或是和甘蔗等短期作物轮作，生产设施落后，大都不具备灌溉条件，且机械化程度不高，更没有采收、包装和贮运等设施。由于缺少灌溉条件，菠萝产期、产量和质量在很大程度上受制于自然条件。

（六）行业龙头企业较少

菠萝的国际竞争伴随着国际贸易量的不断增加而更加激烈。哥斯达黎加生产的菠萝主要用于出口，有 31 个公司生产菠萝，产量占总产量的 96%，而小农户仅仅占 4%，且出售给公司。其中，Del Monte 公司的菠萝产量占全国的 50%。

与国际同行比较，我国菠萝产业的龙头企业较少，种植加工企业主要有广东湛江的华海糖业、丰收公司、红星农场、金星农场（表 1 – 1），这些公司的主要品种为巴厘，以职工自己经营的方式为主，机械化程度低。产品质量档次大都属中、低档产品，国际综合竞争力比较弱。海南东部大型菠萝种植企业比较少，生产技术不一致，一味地追求早果和大果，造成品质下降。近年来，海南乐东的万钟农场，依托大公司品牌和国外企业的销售渠道，转型做金菠萝生产，走品牌效应，在市场中有一定的价格话语权。

表 1 – 1　2014 年广东湛江农垦菠萝生产大型农场的生产情况统计表

农场名称	年末实有面积（hm²）	新种面积（hm²）	收获面积（hm²）	产量（t）
红星农场	1 251	–	892	65 063
友好农场	668	664	292	13 986
南华农场	237	142	95	4 734
五一农场	89	23	66	3 762

（续表）

农场名称	年末实有面积 （hm²）	新种面积 （hm²）	收获面积 （hm²）	产量 （t）
华海糖业	2 987	787	2 200	132 000
幸福农场	115	18	98	4 900
火炬农场	176	52	103	7 750
丰收糖业	2 076	1 135	941	51 572
金星农场	1 200	864	336	18 350
东方红农场	302	183	121	7 284
合计	9101	3 868	5 144	309 401

备注：品种为巴厘

三、我国菠萝优势区域布局

在我国，菠萝经济栽培适宜生态指标为年平均气温大于或等于21℃，最冷月（1月）平均气温12～24℃，冬季极端最低温度多年平均值大于或等于2℃，十年一遇的短时极端最低温度大于-1℃，大于或等于10℃的年有效积温7 000～9 000℃；土壤以土层深厚、排水良好，属红壤、砖红壤和黄壤类型的轻黏壤、壤质和沙壤土为佳，土壤最佳pH值为5.0～5.5。符合上述自然生态条件的菠萝生产区域可列为菠萝商品生产的适宜区。

目前，我国已经基本形成了海南－雷州半岛、桂南、粤东－闽南和滇西南4个菠萝优势区（图1－1，引自2007—2015菠萝优势区域布局规划）。以巴厘种（菲律宾种）为主的春夏季鲜果主产区，包括海南岛东南部、东部和北部，雷州半岛南部以及云南河口县等地；以卡因类的沙捞越（也称千里花）为主的秋季鲜果主产区，包括闽南、粤东、桂南和滇西南的西双版纳、德宏等地；以不同品种、不同种植方式生产的加工原料生产区，收果期从3～11月，提供制罐、榨汁等加工用途的菠萝原料，包括了全国各个菠萝主产区。

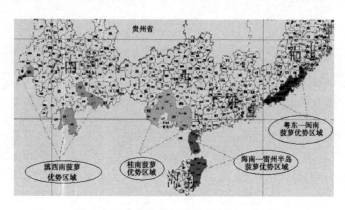

图 1-1　菠萝优势区域布局规划示意图

四、我国菠萝产业的发展趋势和方向

我国菠萝的发展需要进一步调节产业结构，创建龙头企业和名牌产品，延伸产业链和增加附加值。目前，我国菠萝的发展区域基本稳定，广东菠萝的发展需要调整品种结构和延长产业链，提高菠萝产业的附加值，而海南由于以鲜食为主，菠萝发展应该巩固东部面积，开拓西部面积，调节产业内部的品种结构和促进产业技术升级；同时，应该加强我国杂交育种和选种工作，积极推广国际流行的金菠萝以及消费者接受的香水菠萝、金钻菠萝、甜蜜蜜；积极推广覆盖薄膜、喷灌、滴灌、喷枪施肥等技术，重视营养期肥水管理，减少农药和激素的使用次数，提高果实生产和果品的安全性。另外，由于我们国家的菠萝生产机械化程度小，果园面积较小，人力成本不断地增加，因此，应该积极鼓励大型企业通过土地流转或者企业兼并的方式，大力创建和发展规模化、机械化为主的标准化示范园，加大标准化生产技术的示范和推广，形成龙头企业和名牌产品；而通过推广标准化生产，可以把众多单一的农户以同一种生产方式结合起来，促进果实品质的基本稳定一致，果品安全有保证，通过品牌营销获得最大效益。

第二章 菠萝的生物学特性

第一节 形态特征

菠萝是多年生单子叶常绿草本植物（形态结构见图 2-1，引自郑有诚. 菠萝高产栽培技术），株高 0.5~1m，具纤维质须根系；单叶呈剑形，簇生与肉质茎上，叶片两侧具刺或者仅仅在叶尖具少量刺；穗状花序，顶生；肉质聚花果，果着生在果梗顶端，果顶着生顶芽，果柄上长裔芽，并在茎上抽生出吸芽，可以代替母株继续结果，可以连续收获数年，但实际生产中由于第二造品质就有所下降。因此，第一造收获后即重新耕种。

一、根系

菠萝根是由根点萌出穿过茎的皮层伸入土中，没有主根，根向四周分布，细长而多。一株中等大小的植株，有根 600~700 条。因繁殖材料的不同，在定植后第一年的冠芽所产生的根群比较浅而分布广，吸芽和裔芽所产生的根群分布深而狭，以后则差异不大。根的入土深浅，随土壤而异，有的深达 90cm，一般以 10~24cm 分布最多。土层浅、易板结的果园，根系分布也浅，根群裸露，则根生长受阻碍，植株容易衰老；反之，土层深厚、疏松的果园，植株根深叶茂，丰产而寿命长。

二、茎

菠萝的茎是黄白色肉质近纺锤形圆柱体，长 20~25cm、直径 2~6cm。分地下茎和地上茎，地上茎顶部着生中央生长点，营养生长阶段分生叶片，发育阶段分化花芽、形成花序。花序抽出时，茎伸长显著增快，近顶部的节间也逐渐伸长。

成长的茎，每个叶腋有一个休眠芽和许多根点。定植时，茎的下半部埋于土中，长出地面后成为地下茎，一般被气生根和粗根缠绕。发育期茎上的休眠芽相继萌发成裔芽和吸芽。由于吸芽着生部位逐年上升，气生根不易深入土中而造成植株早衰，因此，培土是菠萝田间管理中重要的措施。

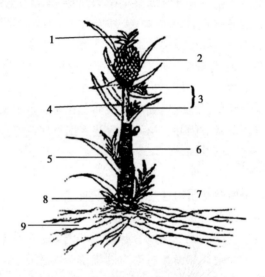

图 2 - 1　菠萝植株形态

1. 冠芽；2. 果实；3. 裔芽；4. 果柄；5. 吸芽；6. 地上芽；7. 块茎芽；
8. 地下茎；9. 根系

三、叶

菠萝叶片的颜色，彩带状态、叶刺分布、叶刺的密度及生长方向等不同种间存在差异，叶面中间呈凹槽状，有利于集聚雨露于基部，成熟叶片长 45 ~ 100cm，宽 5 ~ 7cm，厚 0.2 ~ 0.25cm。

如台农 4 号叶片绿色，叶片全缘有刺，叶片无彩带，而卡因类的叶片绿色，叶片少刺、叶刺只分布于叶的尖端。叶片的彩带也因为种类不同有中间无彩带（如台农 4 号）、中间有彩带（台农 17 号）和两边有彩带（如红西班牙）3 种类型。

叶片具有旱生型植物结构，表皮组织外多蜡质，上表皮组织下面是由许多层短圆柱到长圆柱型的大型薄壁细胞构成的贮水组织，叶背银灰色，被一层蜡质毛状物，并有较密的气孔（每平方毫米 70~90 个），气孔上密生着蜡质毛状物，有阻隔水分蒸腾的作用，同时气孔夜间才开张，使菠萝蒸腾系数远远低于其他作物，因此，菠萝具有很强的抗旱性。

叶片是盘旋上升生长的，为了研究方便，Malavolta（1982 年）将叶片按照产生的顺序分为 A、B、C、D、E、F 六大类（图 2-2），A 代表叶龄最老的、F 代表最嫩的，而 D 叶片，也就是最长叶片，是研究菠萝的主要对象，叶片束起来时，最长的 3 片叶子（D 叶）的叶面积可以作为判断植株营养状况及计算产量的指标。D 叶一般在种植后 8~12 个月出现，其叶片长度和宽度对判断叶片制造养分的能力有一定的借鉴作用。

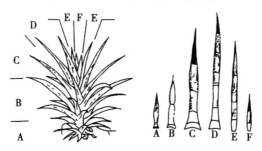

图 2-2 按照叶龄不同菠萝植株叶片的分布状况

（A-最老叶片，F-最嫩叶片）

叶片内部有较发达的通气组织，可贮存大量空气和二氧化碳，有利于光合作用和呼吸作用。叶片生长随气候而变化，华南亚热带地区年平均每月抽生 4 片叶子，植株的绿叶数、叶总面积与果实的重量有直接关系，具 40 张叶片就能开始花芽分化，叶面积达 0.8 ~ 1.0m² （30 ~ 40 张叶片）一般就可产果 1kg，每增加 3 片叶，果重增加 20 ~ 30g。

四、芽

以着生部位不同而分为顶芽、裔芽（托芽）、吸芽、块茎芽四种（图 2 - 3，引自郑有诚，菠萝高产栽培技术）。顶芽也叫冠芽，着生于果顶；一般为单芽，也有双芽或多芽，皇后类冠芽小而紧凑，卡因类冠芽大而松散；裔芽（托芽）着生于果柄的叶腋里，一般为 3 ~ 5 个，多的甚至有 30 个；吸芽着生在地上茎的叶腋里，一般在母株抽苔后抽生，形成次年的结果母株。卡因类的吸芽种植菠萝品质好，成熟早，而生产中的巴厘和台农系列主要用裔芽作为种植苗。

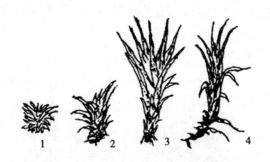

图 2 - 3　供定植用的各种芽体示意图
1. 冠芽；2. 裔芽；3. 吸芽；4. 块茎芽

五、花

无刺卡因青叶数 35 ~ 50 片，巴厘 40 ~ 50 片，神湾 20 ~ 30 片时，开始花芽分化。'无刺卡因'正造花于 11 月下旬至 12 月下旬开始分化。整个花序分化期 30 ~ 45 天。高温多雨地区，进入分化较晚，大苗比中小苗早分化 10 ~ 20 天。若 7 月间进行人工催花，花序在 10 ~ 14 天内分化完成，若 10 月间人工催花则需 30 天。花芽形态分化分 4 个时期：

1. 未分化期

生长点狭小而尖，心叶紧叠不展开，叶片基部青绿色。

2. 开始分化期

生长点圆宽而平，向上突起延伸，心叶舒展，叶片基部黄绿色。

3. 花芽形成期

生长点周围形成许多小突起，花序和小花原始体形成，叶片随花芽发育膨大而束成一丛，叶基部出现淡红色晕圈，即"红环"。

4. 抽蕾期

小花苞片分化完成，冠芽、裔芽原始体形成，心叶变红。菠萝正造花抽蕾期为 2 ~ 3 月，从花芽分化到抽蕾需要 60 ~ 70 天。

菠萝为穗状花序，由肉质中轴周围 100 ~ 200 朵小花聚生构成，花序从茎顶叶丛中抽出，花序基部有呈红色的总苞片。菠萝的花是无花柄的完全花，每朵花有肉质萼片 3 片，花瓣 3 片，长约 2cm，基部白色，上部 2/3 为紫红色，花瓣互叠成筒状；雄蕊 6 枚，分两轮排列；雌蕊 1 枚，柱头 3 裂，子房下位，有 3 室，每心室有 14 ~ 20 个胚珠，分两轮行排列。小花外面有一片红色苞片，花谢后转绿色或呈紫红色，至果实成熟时又变为橙黄色。

六、果实

聚合肉质复果由肥厚的花序中轴和聚生在周围的小花的不发育子房、花被、苞片基部融合发育而成（图 2 - 4，引自 NY/T921—2004 热带水果形态和结构学术语）。

果实以卡因种最大、皇后类次之，果形有圆筒状、圆锥状、圆柱形等，果肉颜色有深黄色、黄色、淡黄色、淡黄白色、白色等，果肉脆嫩、纤维含量、果汁含量、香味浓淡等性状与加工、鲜食、贮藏有着密切的关系。

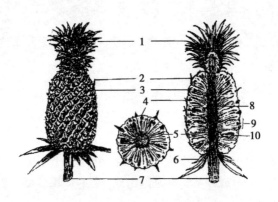

图 2-4 菠萝果实结构名称示意图

1. 冠芽；2. 小苞片；3. 果皮；4. 果丁；5. 果肉；6. 总苞片；7. 果柄；
8. 果心；9. 果眼；10. 子室

果实通常横向的小果 6~8 行，纵向的小果 13~21 列，基部小果较大而饱满，顶部小果较小而不饱满，小果的大小、形状和特征以及果眼的大小、形状、深浅与菠萝的种类、品种有关。果眼的深浅影响果实的加工性能和可食率。小果的数目决定果实的重量。果形和色泽与种类及品种有关，但环境和栽培措施也可以影响果实形状，通常情况下，正造果实形状圆筒形，但是果实发育后期处于冬季的果实果型为圆锥形或者塔形果。

从花序抽生到果实成熟需要 120~180 天。果实的纵横径及鲜重的增长呈单"S"形，速度以谢花后 20 天生长最快，以后变缓慢。具体的生长发育期因品种和抽蕾事情及其生长时期的温度而异。目前早熟品种为皇后类的巴厘（菲律宾），正造果实 100 天左右成熟。卡因类比较晚熟，杂种菠萝介于二者之间。

七、种子

菠萝果实一般没有种子产生，不同种间的异花授粉可以产生种子。种子多为棕褐色，质地坚硬。大小如芝麻。菠萝异花授粉产生种子比较容易，一般一个果眼就有10粒以上的种子。异花授粉最佳的时间为晴天上午9：00～12：00。

第二节　环境条件要求

一、温度

菠萝是多年生植物，原产南美洲热带高温干旱地区，性喜温暖，最适于生长的温度为28～32℃，菠萝根系对温度的反应比较敏感，15～16℃开始生长，在年平均气温23℃以上和多湿条件下，菠萝生长发育良好，生长最适宜日平均气温为24～27℃，29～31℃生长最旺盛，10～14℃时生长缓慢，超过35℃或低于5℃时，表现为新根停止生长，叶不能继续生长，果实发育停止；温度稳定在14℃时菠萝才开始正常生长。0℃是菠萝受寒害严重的临界温度。气温降至0℃，如持续时间达1天以上，会造成植株心叶腐烂，根系冻死，果实萎缩腐烂；如气温达－2℃时，植株几乎死亡。气温过高也不适宜于菠萝生长和果实发育，当叶面温度达到40℃时，植株生长受抑制，向阳面的嫩叶或老熟叶也会受灼伤；种植在沙土上的菠萝，叶面温度在40℃以上时，叶片大部干枯，如遇久旱，会造成一些植株枯死。

二、土壤

菠萝适应土壤的范围较广，除过湿、过黏的黏土和保水力差的沙质土外，由花岗岩、玄武岩、页岩或石灰岩风化而成的红壤、黄壤、砖红壤，它都能正常生长结果。由于菠萝地下根系特性是浅生好气，因而最适于菠萝栽培的土壤生态条件是疏松，肥沃，温暖湿润，土层深厚，有机质含量在 2% 以上，pH 值为 4.5～5.5，结构和排水良好，并含有丰富铁铝化合物的酸性土壤。黏重、瘠薄、通气不良的土壤环境不适宜菠萝生长。菠萝对土壤条件并不苛求，只要排水和通气良好及石灰含量低的土壤，根系可伸入地下深处，菠萝生长就强壮。

菠萝是浅根性植物，要注意抓好园地的水土保持工作，避免表土冲刷，根群暴露。山地斜坡建园时必须等高开垦起水平畦种植。

三、水分

菠萝耐旱性强，但生长发育仍需一定的水分。一般月平均降水量 100mm 时就能满足菠萝正常生长，少于 50mm 时即出现水分不足，就需考虑喷淋灌浇。我国菠萝产区年平均降水量都在 1 400mm 以上，但大部分降水分布在 4～8 月，正常情况通过覆盖等措施可以满足菠萝生长对水分的需要。而旱季适当的灌水可以提高单位面积的产量。

土壤缺水时菠萝植株有自行调节的功能，降低蒸腾强度、减缓呼吸、节约叶内贮备水分，以维持生命活动；严重缺水时，叶呈红黄色，需及时灌溉，以防干枯。

雨水过多时，土壤湿度太大会使根系腐烂，出现植株心腐或凋萎。因此，在大雨或暴雨后需及时排水，避免在低洼地带种植菠萝，可以减轻这个现象。

四、光照

菠萝较能耐荫，但经过长期人工驯化栽培以后，对光照的要求已增加。光照合适可以增产和改善品质风味。光照充足，菠萝光合作用旺盛，碳水化合物累积多，植株生长强健，产量高品质优；如果光照不足，植株生长缓慢，叶片会变成细长，果形小，可溶性固形物含量低，品质和风味较差。在高温和强日照下叶片和果实都会灼伤。

有研究者研究认为，在稳定的环境条件和肥力充分满足的情况下，则海南各地的气候生产力可近似地表达为：生物学特性、平均温度、太阳辐射和水分的一种复合函数。在地理分布上，菠萝气候生产力自海南岛的中西部向东部增加（图 2 - 5），最高值出现在三亚市（1 725.6 kg/亩），这里热量为全岛最佳，降水量适中，十分有利于菠萝的生长。次高值出现在东偏北地区（约1 600 kg/亩），本区虽热量条件不及南部，但水热的配合为全岛最佳。最低值出现在琼中（1 489.7 kg/亩），原因是这里虽降水充沛，但阴雨天气繁多，温度和光照也次于其他地区。次低值出现在西部地区（约1 500 kg/亩），以东方市为代表的西部地区主要

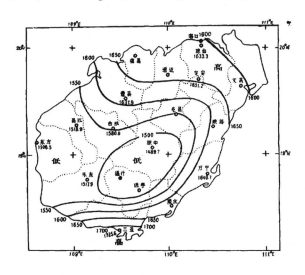

图 2 - 5 海南省菠萝气候生产力图（图以 50 kg/亩为间隔划等值线）

受到降水条件的限制（图2-5，引自周兆德，胡耀华，热带作物学报，1989.9），该趋势与目前海南的菠萝主要栽培区域基本吻合，可以作为海南种植菠萝借鉴。

五、风

菠萝矮生，风害直接影响较小，3级以下还有利于呼吸作用。但是遭遇到强台风、大风也会吹倒或者拔出幼苗、植株、吹断果柄、扭伤叶片，影响正常的生长发育，增加心腐病的发病几率；冬季冷风冷雨又会造成烂心。

第三章 菠萝新品种介绍

第一节 主要栽培品种

一、巴厘

属皇后种。植株中等大，株型较开张，叶缘呈波浪形，并有排列整齐的刺。分蘖力中等，吸芽 2 ~ 4 个，裔芽 1 ~ 9 个，单冠，花为淡紫色。果中等大，单果重 750 ~ 1 500 g，圆筒形，受冬季低温影响也有微锥形，小果数 90 ~ 120 个，排列整齐，果眼深，果肉深黄，肉质较脆，果汁中等，香味浓，可溶性固形物 13% ~ 15%，酸含量 0.47%，口感酸甜适度，是鲜食早熟品种。本品种耐瘠薄耐干旱，高产稳产性能好，抗性强，亩产约 3 000 kg。在海南儋州 6 月 1 日前后成熟，为菠萝资源中最早熟的一个品种，适宜产期调节，可以周年生产。目前，是我国占绝对地位的主要栽培品种，在海南东部、雷州半岛、广西等地大面积栽培，栽培面积为菠萝栽培总面积的 80% 以上。

二、香水菠萝

香水菠萝也叫"台农 11 号"。株高 70.7 ~ 79.4 cm，株型开张，叶片绿色，中央具紫红彩带，直立，仅叶尖有少量刺，最长叶片长度 61.7 cm，叶片最宽处有 5.4 cm；裔芽有 2 ~ 4 个，吸芽 1 ~ 2 个，冠芽最高长达 39.2 cm；果实呈长圆形，平均单果重 1.19 kg，果实纵径 11.1 cm，横径 13.2 cm，果眼大小中等，果眼深度小于 1.0 cm，果实锥化度为 0.96，果肉多汁，肉质较滑，果实具有特殊的香味，口味清甜，可溶性固形物为 14.6% ~ 16.0%，可食率大于73%，耐运输，抗性强，综合评价优良，但是与金钻、甜蜜蜜、金菠萝等主要栽培品种比较果实相对小。自然条件下，在海南儋州种植的成熟期集中在 7 月 10 日左右，海南昌江十月田产期调节生产，最适宜的采果时间为 5 月 1 日前后。每千克销售价格比巴厘多 1.0 元以上。种植为双行种植，规格为 0.3m×0.6m，每亩种植 3 700 株，亩产 3 900kg 左右。2001 年以来，先后在昌江县、万宁市、琼海等累计在海南省的种植面积已经达到 5 万多亩。

三、金钻菠萝 （台农 17 号）

我国台湾主要栽培品种之一。株型半开张，株高 70cm，叶片比较竖直。叶尖及基部有少量的浓密紫红色短刺，叶片浅绿，幼嫩叶片顶部为红色，叶片中央具淡红紫色的彩带，最长叶片长 50cm，叶片最宽处 38cm；冠芽有刺，长度中等，最高冠芽长度为 16.0cm；果实呈短长圆形，果实锥化度 0.98，果眼大小中等，微微隆起，小包片突出呈近乎 70°~ 80°，剧刺，果眼深度 0.88cm，果肉光滑细腻，纤维少，可食率大于 57.4%，果心可以食用，果皮薄、花腔浅，果肉深黄色或者金黄色，肉质细致，果心稍大但可食，糖度 14.8 ~16.8，口感及风味均佳，平均单果重 1.4kg。自然条件下，在儋州成熟期集中在 6 月 20 日左右。海南昌江、东方、万宁等地产期调节生产，最适宜的生产期为 3 ~ 5 月及 10 ~11 月。平均亩产 2 000 ~2 500kg，为我国台湾南部主要的栽培品种，近年来在海南万宁、东方、昌江等地表现比较好，可以大面积发展，但是适应性比较差，在 pH 值为 4.0 ~4.5 的土壤中生理病害显著加重，果柄容易开裂，需要配套栽培措施。

四、甜蜜蜜 （台农 16 号）

该品种株高 92.6cm，叶长 80.5cm，叶宽 5.8cm，叶缘无刺，叶表面中轴呈紫红色,有隆起条纹,边缘绿色;小花外苞片紫色,花期 20~25 天,现蕾到成熟需 105~130 天,可进行产期调节周年生产,但高温多雨季节催花难度较大。果实长圆筒形,成熟果皮淡绿色或橘黄色,果肉黄或淡黄色,纤维少(几乎无纤维),肉质细致,果眼浅,切片可食,不必刻芽眼,平均单果重 1.3~1.5kg,商品果率 78%~98%;夏秋季果实可溶性固形含量 15%~23%,可滴定酸含量 0.39%~0.57%;冬春季果实可溶性固形含量 15%~18%,可滴定酸含量 0.60%~0.90%,具有浓郁的香梨风味。田间表现较抗炭疽病和凋萎病,但缺水或缺肥时,有凋萎病发生,恢复肥水供应,凋萎病可 100% 痊愈。株行距 35cm×150cm,双行种植,亩定植约 2 500 株,折合亩产商品果 2 496.0~3 695.0kg。以电石催花为主,可以用 0.5%~1.0% 电石溶液进行催花。果实在 pH 值为 4.0~4.5 的土壤中表现抗性差,容易倒伏,容易日灼,果实适宜采收季节在旱季。

五、金菠萝 (MD2)

该品种植株半开张,植株高度为 60~70cm,叶片绿色、宽大、少刺,吸芽每株 1~2 个,裔芽少,冠芽中等大小。果实为圆柱状,单果重基本可达 1.5kg,最大果实 2.5kg;成熟时果皮黄绿色、果肉呈橙黄色、半透明、有清香味,口感爽脆、香甜,纤维含量较少,果肉硬度达到 8~9kg/cm,可溶性固形物含量为 14.6%~15.5%,维生素 C 含量达 203.5mg/100g,总糖含量为 11.52%,可滴定总酸含量 0.60%;果实的横径和纵径均达 12cm 以上,果心直径 2.3~2.4cm,果形指数 1.01~1.06;果眼形状为扁平或微隆,果眼深度平均为 0.71cm;果肉厚度 0.42cm,果皮重量 380~480g,果肉重量 740~1 000g,可食率 71%~74%,果汁量中等。该品种自然花比例高,裔芽少,果肉维生素 C 含量高,果实风味比巴厘好,属于早中熟品种,在万宁 6 月 1 日前后成熟，在海南儋州 6 月中旬成熟。该品种果型端庄，适应性强，但是比较容易感染心腐病和小果心腐病，需要及时排水防病，在个别年份，花腔发育不正常导致果面凹凸不平，雨季果实冠芽较长。但其综合性状优良，而且栽培管理方便，是鲜食、加工均适宜的优良品种。建议可以发展该品种。

六、维多利亚

该品种属皇后种。植株中等大，株型开张，叶片宽大，绿色，有时叶片中部有红色彩带，并有排列整齐的刺。果实圆柱形，冠芽比巴厘稍大，纵径 14～16cm，横径 9.5～11cm，中等大，平均单果重 1.42kg，最大单果重 2.02kg；小果扁平，90～125 个，直径 2.8cm，成熟时果皮金黄色，果眼微突，果眼深 0.80～1.01cm，小苞片有小刺。最长螺旋方向的果眼数 14 个，果肉金黄色，肉质及果心爽脆，纤维多，香甜多汁，鲜食口感佳；果心稍大，粗 2.0cm。果皮厚度 0.43cm，果肉可溶性固形物 15%～22.2%，总糖 14.20%～15.39%，总酸 0.39%～0.43%，维生素 C 59.07～66.07mg/100g，自然成熟时采收品质优异。在昌江十月田镇 4 月中旬成熟，在儋州两院自然成熟为 6 月 10 日。抗病、耐瘠薄、耐贮运，综合评价优良，为欧洲市场销售的品种之一，是巴厘的一个很好的替代品种。

七、粤脆

该品种由广东省农业科学院果树研究所育成，是我国大陆第一个通过杂交育种选育出来并在生产上应用的优良品种。亲本为'无刺卡因'和'神湾'，1957 年杂交，杂交单株编号为'57-236'，1961 年年初结果，经过多代的无性繁殖，多年、多点的试栽，生产试验，综合性状表现优良，2005 年 4 月通过广东省农作物品种审定委员会审定。植株较高大，株高 72.5～93.0cm，单株叶片数65.0~86.0片,分蘖力中等,吸芽1~2个,冠芽出现复冠比例较高。叶片轮状丛生、狭长、较直立、硬且厚、半筒状,叶面有明显粉线,叶槽深,叶面、背披有较厚的蜡粉,呈银灰色,叶缘有硬刺。花序为头状花序,鲜红色,由肉质中轴周围的150~200朵小花序聚生而成,小花是无花柄的完全花,花瓣基部白色,上部2/3处为紫红色。果实为聚花果,正造果呈长圆锥形(催花果果形为筒形),近果顶部稍有凹陷,果大,平均单果重量1.5kg,最大达3.5kg,果肉黄色、肉质及果心均爽脆、汁较多、纤维少、香味浓,可溶性固形物15.2%~23.0%。广州地区正造果通常在3月下旬至4月上旬抽蕾,4月下旬至5月上旬开花,8月中下旬成熟。该品种适应性强,丰产性好(37.5~75t/hm^2),鲜食果实品质优于巴厘,加工性状优于无刺卡因,适于鲜食和加工。

八、神湾

该品种广东称神湾,广西称新加坡种。该品种植株矮小,株高96~110cm,叶片细而狭长,多呈披针形,叶长85~112cm,叶宽2.0~4.2cm,叶背白粉较多,叶缘有刺。冠芽较大,分蘖力较强,吸芽发生早且多,六七个或数十个,芽位低。单冠,无果瘤,果小,夏果大0.5~0.6kg;果实呈圆柱形,果眼深,小果突出;成熟果果肉金黄色,果心小,纤维细,果肉质地细嫩爽脆,风味甜,香味浓,品质极佳,耐贮运。夏果可溶性固形物14%~17%,总糖15%~25%,可滴定酸0.23%~0.61%,维生素C 0.08~0.17mg/g,是良好的鲜食品种,但果实太小不适于加工。该品种成熟早,5月中旬到7月上旬成熟。其缺点是:叶缘有刺,吸芽过多,田间管理不便;果小不易加工制罐。

九、沙捞越

该品种属于卡因类。其植株较高大而健壮、直立,一般株高

70～90cm，冠幅116～150cm。叶大而宽，长70～100cm，最长叶片宽8cm，叶两侧绿色，中部呈紫红色，叶背银灰色，叶质脆易折断，叶缘无刺或叶尖有少许刺（也有一些有刺变种），结果前叶片总数60～80片，叶面光滑、叶背拉白粉，叶稍厚、有蜡质易折断。分蘖力较差，每株吸芽1～3个，果实成熟时，吸芽高5～30cm，裔芽0～9个，蘖芽1～2个，冠芽多为单冠，少数也有复冠，高度10～30cm。花淡紫色。果实基部有果瘤0～5个。果实较大，单果重1.5～2.5kg，大的可达6.5kg，长筒形，由100～150个扁平的小果聚合而成，小果排列较整齐，果眼浅，果皮薄，未成熟果皮为绿色，成熟时为黄绿色，果肉多汁、味甜、微香，成熟果肉多为淡黄色，也有橙黄色，果肉纤维较多且粗，果心较粗，纤维多，质地较韧。可溶性固形物13%～18%，酸0.26%～1.0%，维生素C 0.07～0.19mg/g，总糖9.5%～16.31%。

该品种正造果在7月底至8月成熟，为晚熟品种，是鲜食和制罐的两用良种。一般每公顷可达15 000kg，高产可达37 500～45 000kg，最高可达75 000kg以上。由于该品种吸芽抽生少而迟，芽位高，易倒伏，丰产而不太稳产，单株有隔年结果和早衰的现象。果实易受日灼，较不耐贮运，植株抗凋萎病的能力较差。

第二节　我国台湾地区其他品种

以下品种先后由台湾商人引进并在海南、广东等地种植过，品质各有千秋，现在种植面积不大。其中，大面积种植过的有珍珠菠萝（台农136号）、剥粒菠萝（台农4号）。

一、台农4号

台农4号又称"剥粒菠萝"。植株中等偏小，平均株高

54.5cm，株型开张，叶刺布满叶缘，叶片绿色，紫红色的条纹分布在叶片两测，叶片背面有浓密的白色茸粉，平均叶长48cm，平均叶宽3.7cm，吸芽3个，裔芽6.3个，单冠，冠芽高15.1cm，果实短圆筒形，可剥粒，单果重0.56kg（不带冠芽），果眼中等微隆，平均果眼数36.4个，排列整齐，果眼深度1.1cm。果肉金黄，肉质滑脆，清甜可口，果肉半透明，纤维较少，水分适中，别具风味。可溶性固形物含量16.4%，酸含量0.42%，V_C含量100mg/100g。5月下旬至6月中旬成熟，为早熟品种，较耐储。曾为我国台湾主要鲜果外销品种之一，且该品种从引进到消化、推广时间之短、规模之大、效益之好是引种史上少见的。不过，近年来已很少有种植的。

二、台农6号

台农6号又称苹果菠萝。叶面表面绿而稍带红色，叶缘具少刺。果实圆筒形或短圆形，平均单果重1.3kg；果眼扁平，果皮薄，果肉浅黄致密，几乎无纤维，汁多，果心稍大；清甜可口，风味佳，甜度15°BR，酸度约0.34%，糖酸比44。属典型的早熟型品种，它的果实成熟期比普通凤梨品种要早15d左右，比传统凤梨产量高，可达60t/hm²。果实最佳生产期为4~5月。

三、台农13号

台农13号又称冬蜜凤梨、甘蔗凤梨。植株高，叶长直立，叶尖及基部常见零星小刺，叶面草绿色但中轴呈紫红色；果实略呈圆锥形，平均单果重1.2kg，果目略突，果肉金黄色，纤维稍粗，糖度15.7°BR，酸度比约0.27%，糖酸比58，风味浓郁。正常生产期为6月下旬至7月中旬，最佳生长期为8月至翌年2月。

四、台农18号

台农18号又称金桂花、桂蜜。1956年3~4月，于凤梨开花盛期开始杂交育种，1978 年 5 月通过品种审定。特点：植株小，叶缘无刺；果型中等，果实圆锥形，果皮薄，果眼浅，果肉黄质致密，纤维粗细中级，平均糖度 14.1°BR，酸度 0.39%，糖酸比 38.7，具桂花香味。果实最佳生产期为 4~7 月。

五、台农 19 号

台农 19 号又称蜜宝。叶缘无刺，叶片暗浓绿色；果实圆筒形，平均单果重 1.6kg，果皮黄略带暗灰色，果皮薄，果眼浅，肉色黄或金黄色，平均糖度 16.7°BR，酸度低 0.46%，糖酸比 38。最佳生产期为 4~10 月。

六、台农 20 号

台农 20 号又称牛奶菠萝，植株高大，平均株高 126.7cm，叶长，叶缘无刺，叶片暗绿黑色，果实大圆筒形，平均单果重 1.8kg，果实灰黑色，成熟果皮暗黄色，果肉白色，纤维细，质地松软，风味佳，具特殊香味，糖度 19°BR。牛奶凤梨是由我国台湾农业试验所凤山分所 1972 年自夏威夷引入的完全无刺的无名品系于 2004 年育成。特点：植株高大，生长势强，平均株高 126.7cm；叶片长，柔软无刺，果梗细长；果实大，圆筒形，果眼大而平滑，平均果重 1.7~2.0kg，成熟时果皮暗黄色，果眼尖端转黄色，果肉呈少见的乳白色，纤维少，肉质极细稍松软，糖度高，酸度低，糖酸比高，风味特佳，为高品质鲜食新品系。最佳生产期为 6~10 月。贮运性较卡因种佳，在 9~12℃下可贮藏 2 周。

七、台农 21 号

品种名：C75-2-25。商品名：黄金凤梨。于 1986 年育成。特点：株高 80cm，叶长 76.4cm，叶片 33 片，叶缘无刺仅叶片尖端有小刺，叶片表面翠绿色，株型开张，发育旺盛；果实圆筒形，果目（果眼）苞片及萼片边缘呈皱摺状；平均单果重1.34kg，平均小果数179个，果眼略深；果实发育后期果皮呈现绿色，成熟时转为鲜黄色，果肉颜色黄至金黄，肉质致密，纤维粗细中等；平均糖度18.4°BR，酸度0.63%，糖酸比30.7；凤梨特有之风味浓郁，鲜食性佳。本品种迄今未发现裂梗、果心断裂及裂目（裂果）等生理劣变问题。最佳生产期为4～11月。

八、台农136号

台农136号又称珍珠菠萝，果型与香水菠萝相似，果实较大，单果重超过1.5kg，植株较高大，植株的平均高度超过70cm，有个别个体达到90cm的高度，且冠芽较小，但裔芽数量较多，平均数为8个，叶片直立、较长，有少量的刺分布于叶尖。果实锥化度为0.99，果眼中等微凸，深度0.9cm，果实纤维少，果汁量多，可滴定酸含量为0.45%，可溶性固形物和V_c含量较少，可食率为68.4%。可作为加工的主要选择材料。

第四章 菠萝优质栽培技术

第一节 菠萝种苗的培育

一、种苗的分类

不同类型种苗的分类，其在生产中繁殖和种植有一定的差异。

（一）吸芽

吸芽是母株处于最旺盛阶段所抽生的芽体。用吸芽繁殖，其优点较多，定植后生长快，结果早，果中等个，可溶性固形物高。用作种苗的吸芽要充分成熟，叶身变硬、开张，长 25～35cm，剥去基部叶片后，显出褐色小根点时，即为成熟的表现。一般采果后喷施根外肥和雨后撒施速效肥，吸芽长至能作种苗时取出，即可摘下作种苗用。广西为了增加吸芽种苗数量，将吸芽摘后，对母株施速效肥一次，促使茎部休眠芽继续萌发，继续剥离。一般菲律宾品种一个母株平均可得吸芽 40 多个，如须用 20cm 高的老熟大苗，则每一母株可分出 6～8 个。

（二）冠芽

用冠芽繁殖的植株果大、开花齐整，成熟期较一致，通常种后 24 个月才开花结果。摘除冠芽的时间是：芽长 20cm，叶身变硬，上部开张，有幼根出现时即可摘下。由冠芽作为种苗定植的菠萝，植株生长整齐，叶片多，果实大，成熟较一致。广州地区卡因品种在 6 月采下作种苗；广西菲律宾品种在 7 月正造果收获时摘下。

（三）裔芽

裔芽发生多影响果实发育，应分批摘除。为繁殖种苗可适当保留 2~3 个，采果后留在果柄上的小裔芽仍能继续生长，待长达 18~20cm 时摘下栽植。定植后经 18~24 个月才能结果。

前面 3 种方法都是从结果植株上直接采集芽体。有时候为了尽快深翻耕更新土壤，将采下的小裔芽和采果时丢落在果园中的小冠芽、小裔芽、小吸芽和果瘤芽，分类种植在苗圃中。小苗高 25cm 时出圃供大田定植或出售。苗圃地宜选土质疏松，排水良好，肥沃的土段，经多次犁耙后画线起畦，畦长 1 000cm、高 20cm、宽 100cm、畦沟宽 50cm。每畦施腐熟有机肥 50kg。

（四）组培苗

组织培养育苗是根据植株具有细胞全能性的特性，利用植物器官、组织或细胞培育成一个完整的具有母株基本性状的新个体的育苗方法。组培育苗可以大提高繁殖系数，一个冠芽在 1 年之内以连续继代培养 6 代计算，共同培育出数千万苗，以每亩 2 500~3 000 株计，可供 667~1 333hm² 种植。菠萝在进行组培育苗时，以冠芽茎尖、裔芽、吸芽或植株中部叶片基部的白色部分、幼果的果肉组织作为外殖体，也可选取刚成熟果实上的冠芽，从其中部叶片的白色叶基处取 6~8mm 长的叶段作外殖体，经过消毒、愈伤诱导、分化培养即可诱导分化较多的芽苗。当小苗长 1.0~1.5cm 时，可在室内打开瓶盖炼苗，3~5 天后移出瓶外假植，假植期间早晚各喷一次培养液。新根长出后，每周施肥一次。小苗高 6~12cm 进行再次移植，按 10cm×25cm 株行距种植。3~4 个月后，苗高达 30cm 左右即可出圃。小苗如移植于塑料袋等容器中，只需一次移栽即可。

组织培养法可在短期内获得大量的苗，且方法容易掌握，育苗费用低，也是主要的育苗方法之一，对新引进的稀少品种可以采用这种方法，其缺点是有 20% 左右的变异率。

（五）块茎苗

近年来在金菠萝上繁殖种苗采用此法效果好。具体方法为：采果后削去母株上的叶片，保留 3 ~ 4cm 长的叶基以保护老茎上的休眠芽，剪去缠绕在老茎上的根，将老茎横切成 2cm 厚的茎片，在切口上撒些草木灰或者 5% 的高锰酸钾液消毒 10min，晾干后种植，平放于畦面，覆盖上清洁的河沙，以不露出切片为度。另外，还有纵切法，将老茎纵切成 2 ~ 4 片，消毒、晾干，将切片按 6cm 植距倾斜摆放与定植沟内，切面向下，肥料撒在切片周围，盖土后茎上端留 3 ~ 4cm。

二、不同种苗的选择和培育

应选择强壮但不过于旺盛，无病虫害、无变异的果苗种植。

（一）芽苗选择的标准

菠萝栽培品种确定以后，确定不同的芽苗进行栽培后，就需要选择标准的种苗。不同的菠萝芽类，其标准在各菠萝产地不尽相同。具体的标准是：冠芽高为 15 ~ 18cm，吸芽为 45cm，裔芽为 20cm 以上，而带芽叶插幼苗及组培苗则可适当小一些。在生产实践中，可根据品种、种植的习惯等灵活掌握。如无刺卡因由于吸芽少，20cm 左右的冠芽或裔芽就为理想的种苗，巴厘品种的裔芽、吸芽较多，可以选择 40 ~ 50cm 的吸芽、20cm 以上的裔芽为繁殖材料。所有的繁殖材料，生产上必须满足的要求：品种要纯正，品种没有退化，混杂和劣变植株须没有混入，种苗应具有原品种的优良性状；种苗要健壮，茎要粗壮，高度要达到标准，叶色浓绿、叶片要厚、要宽，叶的数量要合适；无病虫害，从外观看无病虫害特别是凋萎病等症状；种苗要新鲜，采收后放置时间不要太久。

（二）种苗的分级和种植要求

1. 种苗分级

①冠芽苗直径 3～4cm，高 30cm，冠芽苗时候必须紧握芽体的基部摘下，避免芽条心受到震动而容易引起腐烂，摘下的芽苗首先倒置在母株上风干至伤口干燥，才可以种植或者外运。

②裔芽、吸芽要用长势粗壮的苗径 3.5～4.5cm，高 35cm。

③组培苗的标准：（表 4－1、表 4－2）

表 4－1　台农系列菠萝组培苗瓶苗分级指标

项目	级别			变异苗
	一级	二级	三级	
种苗高（h），mm	h≥19.5	15.4≤h<19.5	9.4≤h<15.4	h≤8.3
种苗茎粗（d），mm	d≥5.4	4.2≤d<5.4	3.5≤d<4.2	d≤2.7
最长叶长（l），mm	l≥17.6	14.3≤l<17.6	8.2≤l<14.3	l≤4.3
最长叶宽（w），mm	w≥6.4	4.8≤w<6.4	4.5≤w<4.8	w≤2.6
品种纯度（p），%	p≥98.0	p≥95.0	p≥92.0	-

表 4－2　台农系列菠萝组培苗袋装苗分级指标

项目	级别		
	一级	二级	三级
种苗高（h），mm	h≥400	250≤h<400	165≤h<250
种苗茎粗（d），mm	d≥23.5	17≤d<23.5	10.5≤d<17
最长叶长（l），mm	l≥325	200≤l<325	140≤l<200
最长叶宽（w），mm	w≥18.9	19.3≤w<18.9	15.2≤w<19.3
品种纯度（p），%	p≥98.0	p≥95.0	p≥92.0

2. 种植要求

①种植前必须进行粉介壳虫和心腐病的防治，可以在混有20%扑灭松和80%福赛德可湿粉剂200倍溶液中浸泡3min，再倒置风干后种植。

②种植时应浅种。冠芽3~4cm，裔芽5~6cm，吸芽8~10cm。为保证定植后菠萝生长状况和收获时间的一致性，定植前各类芽苗应严格进行分类、分级和分片种植，以方便管理。深耕浅种是菠萝丰产稳产优质栽培的关键性措施之一，种植一定做到浅种，浅种的要求就是种植时不能过深，是为了避免泥土溅入株心，影响生长或造成腐烂。种植时要将芽苗基部的小叶剥去，露出根点，这样便于发根。种植深度根据芽苗的大小及地形地势的不同而定，一般以不盖过中央生长点为好，冠芽种植深度为3~4cm，吸芽深4~5cm，大吸芽深6~8cm。总的原则就是以生长点不入土中。种得太浅容易被风吹倒，也不易长根成活；种得太深影响发根，甚至几年都难结果。因此，强调浅种的同时，要强调压实、种稳，使芽苗充分接触土壤，出根快，不易因风吹断根、倒伏。种植时可一手束抓幼苗叶片，一手握手锄或削成尖头的竹片，在定植位用锄挖小穴放入芽苗后，扶正芽苗，两手用力压实植位土壤，每行植株要尽量种得平直，不歪斜弯曲。

第二节　整地建园

一、整地

菠萝根系的特性是浅生和好气，大部分根群随土表层水平伸展，分布在20cm的耕作层内。在土壤板结，耕作层浅的情况下，根群浅生且细弱；土层深厚疏松时，根多叶茂，因此，开荒整地时要强调深耕起畦。新开的荒地对菠萝生长很有利，长势往往比熟荒地的旺盛。用机械耕作的缓坡地，雨后犁翻，曝晒一段时间后再耙和犁翻2~3次，深度要在30cm左右。人工开荒或用牛犁开荒的也应尽量深耕，翻土深度20cm以上。深耕是一项增产措施，耕得深，杂草压在底层，新土盖在表层，种菠萝后杂草就少。有的地方用手锄深挖50cm，把杂草深深埋入下层，这样两三年内也不容易长草，菠萝就容易获得高产丰收。耕得深还能提高土壤保水保肥能力，菠萝根系生长就快，分布又深又广，果实大，产量高；如果垦植很浅，植株根群就不能充分伸展，长势弱，结果迟，产量也低。

无论采用哪一种方法开荒，都力求把硬骨草、黄茅草之类的宿根恶性杂草除净，以免种植菠萝后，杂草丛生，不但影响植株生长，缩短结果年限，还会影响地块的重新耕翻利用。整地要尽量多犁少耙，保持泥土团块状，不必像种花生、玉米那样整得碎。因为菠萝根系好气，在团块状土壤种植比碎散地好。广西北湖园艺场1964年曾用不同大小的土块作成30cm厚的方形土堆种植顶芽苗各12株，1965年结果时观察：土团直径10~15cm的结果9个，平均果重0.765kg；直径3~7cm的结果9个，平均果重0.735kg；直径1~2cm的结果7个，平均果重0.655kg；粉碎状的当年未能结果。土壤过碎，泥土容易板结，大雨时泥沙溅积到植株心部，妨碍植株的生长发育，影响结果。

二、建园

菠萝建园应具备适于生产的自然条件，有利的地形地势，交通运输方便，良好的土壤地质背景，较深厚的土层和疏松透气的物理特性。

(一) 适宜的气候条件

适宜的温、光、水是菠萝正常生长发育和获得高产的基本条件。应选择一个坐北朝南、冬春无寒潮、阳光充足的果园，既要考虑小区域气候因素也要考虑日后的果园管理工作带来方便以及产生良好的经济效益。

菠萝是一种速生快长的草本热带水果，对环境条件的适应性比较强，性喜温暖，忌低温霜冻和过分干旱的气候，但更适于温暖湿润的气候、肥沃松软的土壤，忌瘦瘠黏硬以及积水的土壤。菠萝在温暖而温差变化不大的条件下生长发育良好，菠萝属须根系，根由茎节上的根点直接发生形成。菠萝叶螺旋排列于茎上，主要功能是进行光合作用，制造养分供给全株的生长和发育，叶对菠萝高产稳产有重要作用。菠萝叶片忌低温霜冻。霜对菠萝会发生严重的冻害，所以，应避免在可能降霜的地带栽植菠萝。在广东气候条件下，6~8月定植后迅速生长，10月天气转凉，渐干旱，生长缓慢；1~2月低温干旱，生长几乎停止；3~4月回暖生长；7~9月高温多雨，生长迅速，每月可生叶4~5片，甚或7~8片。菠萝根浅，对温度的反应敏感，较适宜菠萝生产的气候条件是：年平均气温24~27℃，14℃是菠萝生长正常的临界温度，在10~14℃时生长缓慢；10℃以下生长即趋停止，5℃为菠萝受寒害的临界温度，1℃时叶片受害局部变枯，−3℃时整株死亡；40℃高温，生长受抑制，嫩叶受灼伤，超过43℃时，叶片大部分干枯，低温是限制菠萝北限分布的因子。因此，适当密植和进行地面覆盖对菠萝起到保护作用。

我国菠萝产区年平均气温为21.5~24℃，大部分产区冬季不时受霜冻和低温的影响；年降雨量虽在1 300mm左右，但分布不均匀，夏、秋高温多雨高湿，冬春季低温阴冷干旱。因此，规模经营的菠萝商品生产基地，应尽量选在冬春无严重霜冻与低温阴雨、水源较充足和具有一定水利设施的地区建设。

日照对菠萝的生长或结果都是一个重要因子。菠萝只有在充分光照条件下，产量才高，果皮色泽美观，品质佳。

（二）有利的地形地势

我国南部虽地处南亚热带气候，热量充足，雨量充沛，适于菠萝生产，但数年一次的平流型或辐射型低温天气，仍会给菠萝生产带来损失。为使菠萝不受霜冻或者少受低温阴雨的危害，宜选择北面有高山屏障、南面开阔的坡地，以便冷空气难进易出，不致沉积；或选择有河床作通道排泄冷空气的两岸山坡，以及大水库四周的小坡等有利地形种植。这是一种有效地防止寒害的措施。这些地方空气相对湿度比较大，土壤比较潮润，气温也往往较高，是菠萝生长的有利环境。坡地一般土层较深，秋、冬季不易干旱，雨季也不易渍水，光照充足，有利于菠萝植株生长发育，果实品质也较平地栽培的好。坡度较大的丘陵或低山，水土冲刷较严重，尽量不开垦利用。如果要利用，则要严格进行等高起畦，丘陵和低山上部应营造水源林或其他保护植被，保持水土，减少因开垦而造成的土壤流失，以免使菠萝根群裸露，植株易早衰，产量下降。山脚洼地土层比较深厚肥沃，土壤湿润，但在土质黏重的山脚洼地，容易渍水造成根茎腐烂，叶片黄化，植株生长衰弱或整株腐烂枯死；因此，在这种地段开垦种植，必须加强排水设施，在管理上及时除草，并在冬季做好防霜防寒等工作。

坡度不要太大，有利于排水。要选平地或丘陵地，15°以下的斜坡地，是很好的菠萝地，特别是以东南方向或南面的斜坡地最适宜，向西面坡则不好，果实容易被日灼伤。在坡地建园，要做好水土保持工作，否则容易造成土壤流失，根群暴露，收果后吸芽部位上升的毛病，而且培土困难，植株容易衰老，产量降低，寿命缩短。山脚洼地，虽然土层深厚肥沃，保水力强，但如果排水不良，根部就会腐烂，叶片变红，失水下垂，植株就会黄化枯死，容易感染菠萝凋萎病。在坡地建园时，要按等高线修筑成梯田，按一定距离设纵排水沟，园外围设防洪沟，以防冲刷。

（三）具备一定的交通运输条件

菠萝每造果的采收期都很集中，采收高峰期通常只有半个月左右，所以，规模地进行商品性生产开发，必须有比较方便的交通运输，才能及时调运要加工的大宗原料果和供应市场的鲜果。为此，应充分利用邻近公路、铁路或水运的丘陵地或低山坡地发展菠萝。运输条件尚差的地区，在开发的同时也要创造条件，修筑临时可通货车或中型拖拉机运行的乡村便道，既可运输有机肥、种苗以及其他生产资料，又方便于鲜果调运。

（四）良好的土壤条件

菠萝对土壤的适应范围较广，但在土层深厚、排水良好、疏松透气、肥力较好的酸性红壤上，植株生长健壮，产量较高。

1. 良好的土壤地质背景

目前，广西以页岩、花岗岩、泥岩风化形成的红壤和第四纪红土发育的、植被较好的红壤以及紫色页岩风化形成的植被较好的紫色土壤种植菠萝比较好。

2. 较深厚的土层

菠萝虽属草本，根系分布又较浅，但是在土层深厚的各种土壤上，根系比较发达，分布也较深，植株生长良好。如根系吸收范围小，植株生长比较差，既不耐旱，产量也低。

3. 较好的理化特性

集中连片，植被好，光、热、水条件好，理化特性较好的土壤用于开发种植菠萝是较适宜的。除此以外，物理结构不好的黏重土壤，只要土壤开垦后仍能成块，2～3年土块又不散，保持一定的通透性，栽培时能施一定数量的有机肥料，如每亩施2 000kg土杂肥作基肥，并于种后追施有机肥也可获得较好的收成；夹杂石块的铁砾土、石砾土、粗沙土以及风化的泥质页岩碎块等一些难以种植一般作物的"不毛之地"，经深耕并每亩施

2 000kg 的土杂肥，种后加以正常的管理和迫施有机肥，收成也不错。然而，表土层浅、又易渍水的重黏土，遇雨黏湿板结，透气性又很差，根系伸展受阻碍，旱时又成块状龟裂，在这类土壤上种植菠萝，根系不发达，头两年生长还可以，以后植株逐渐衰黄，果实越来越小，吸芽越来越少，这种土壤不适宜种菠萝；还有，粉沙土含细沙多，质地虽疏松，排水性好，可是保水保肥极差，雨后又板结，干后才松散，这种土壤上种菠萝，植株根少细弱，雨天细沙溅积在叶基或苗心，叶片长得细长质薄，吸芽瘦长，叶色淡绿，植株矮小，不易结果，即使结果也很少，品质极差，如出现辐射型寒害，植株受冻也最严重，不宜种菠萝。

4. 有连片发展菠萝生产的土地资源

发展商品性菠萝生产必需规模栽培，土地连片。因此，发展菠萝生产应有连片的、适于菠萝栽培的土地资源，如无一定土地资源，又不成片，仅有零星的少量土地，发展菠萝生产是不合适的，会造成菠萝收获后流通困难，经济效益差。

第三节　种植品种的选择

宜选择本地适栽、抗逆性较强、高产优质和市场畅销的品种，如金菠萝、香水、金钻、甜蜜蜜、巴厘等优良品种，根据各地综合表现适度推广种植。

第四节　种植的时间

除过特别干旱和寒冷的季节外，菠萝可以在我国生产适宜区全年种植，但由于种苗关系，以 3～9 月种植较好。广东、广西一般 4～9 月是生产中定植的主要季节，海南雨季结束晚，一般在 9～10 月种植。可利用采果后植株上长大的托芽、吸芽做种苗，能充分利用种苗；同时，在此期间种苗已经成熟，气温又高，很适合菠萝生长，定植后 6~7 天就能发根生长，第二年春恢复生长也早。

种植时期应该按果实拟定的采收月份推算安排。对新品种而言，应该依据不同品种的最佳经济采收期，按照品种坐果后的生长日期和温度推算种植时间。如要在来年 4 月采果，则适宜种植台农十七号、维多利亚，并于去年 10 月种植，今年 10 月催花。一般年底种植可供选择的种苗种类多。

第五节　种植的密度

定植密度因品种、土壤、地形地势、栽培管理水平不同而异。从我国当前的生产条件、菠萝生长特性和各地种植习惯以及经济效益来看，每亩栽植密度卡因种 3 000~4 000 株，皇后种 4 000~5 000 株比较可行。坡度超过 20°的山地，可以因地制宜。小面积高产试验田，在密度方面还可以进一步试验和摸索。有些地方管理措施好的话，可以考虑适当密植。适当密植有以下几个重要的意义：

适当密植　菠萝的单位面积产量，是由其果数和单果重构成的，在一定的密度范围内，单产随密度的增加而递增。因此，种植时适当增加密度和结果后增留吸芽，是一条重要的增产措施。广西主栽的"菲律宾"品种，近年已改变了过去每亩植不过千株，产量不过 500kg 的疏植法，逐步推行种植 4 000 株的种植规格，并采用一系列技术措施，使单位面积产量和总产量都有所提高，每亩产量超过 5 000kg 以上。

采取合理的栽培密度，可以使菠萝增产：

1. 适当密植增加单位面积株数，增加叶面积系数，使群体充分利用光能，从而提高产量。

2. 适当密植为植株生长发育创造了良好的环境条件。菠萝喜欢温暖湿润、松软肥沃的生长环境，忌烈日曝晒、干风和低温霜冻。在密植的情况下，株高显著，叶幅较小，叶片较直立生长，形成了一个浓密的绿色叶幕，造成了"自荫"的小气候环境，直射光少了，漫射光多了，干旱季节，园内相对湿度和土壤湿度都较高，而地温则较低，有利于根系的生长。由于叶片的相互遮蔽，有霜时辐射便低，减少了受霜面积，使受害程度减轻；同时，叶片的相互遮蔽，还能起到保土保肥和抑制杂草生长的作用。当植株达到一定标准时，可以通过催花控制其因过旺生长而造成的减产损失。

通过菠萝适当密植，产量成倍增加，除草工作减少，生产成本降低。但密植应注意调节个体与群体之间的关系，例如，可通过对株行距排列形式的调整来调节这种关系，增施基肥勤追肥，选择一致的种苗。密植还要强调催花，因为如果让其自然开花结果，势必造成壮苗越大，个别小苗越细弱，植株参差不齐，花期先后不一，产量不高。在收完头造果后要及时疏去弱苗，促进吸芽抽生多而壮，为二造果打下丰收的基础。密植后植株很易衰退，要注意及时更新翻种工作，使密植措施在生产上发挥更大的作用。

第六节　菠萝种植的方式

菠萝的种植方式主要有单行、双行和多行种植等，在同等种植密度情况下，采用单行、双行和多行种植，菠萝的产量和田间操作的难易程度都有所不同。

单行种植一般是对于那些山地菠萝园比较合适，这类园地由于坡度大、地形较复杂，比较适合单行种植。

双行种植一般是宽窄行种植模式，这样使得单位面积种植密度大，也便于进行田间生产作业，有利于果园的通风透光。多行种植主要适于林间间作，比如，幼龄橡胶园间作菠萝等，这样可以增加收入，提高土地利用率。双行式常用的畦和沟共 150cm 宽，双行单株排列。它的优点是：畦沟较宽，须根能够向外扩展；畦上的株行距比较均匀，茎基互相挤靠，叶片伸展成半球面，能充分利用阳光，又易形成行间"自荫"环境，减少畦沟杂草，方便管理。用这种方式种植菠萝一般沟宽 100～110cm，小行距 40～50cm，株距随密度而变动。如果每亩植 3 500～4 000 株，株距 20cm 左右；每亩植 4 500 株，株距 15cm 左右。

三行单株排列的畦和沟共 170cm 宽，其中畦面宽 120cm，小行距 35～40cm，株距随密度而变，一般为 20～25cm。这种种植方式，植株个体营养面积均匀。

四行式，一般采用 200cm 宽畦，宽窄行排列种植，宽行 100cm（其中，沟宽 50cm），窄行 50cm（其中，沟宽 20cm），形成的小畦面上以 25cm 株行距种植，每亩 4 500～5 000 株。它的优点是：畦上有沟，植株封行后，这个小沟既排水又保水，有利根系生长；大行距较宽，方便行人操作，窄行两侧叶片受人为伤害少；霜冻时叶片受害大为减轻，大果多在此两行中间获得。

一、露地种植

完全在自然的条件下不加任何保护的栽培方式。优点：栽种方便；缺点：不保水保肥，水肥容易流失，造成产量低，商品质量不稳定，易长杂草。

二、覆盖种植

菠萝园覆盖是保持土壤水分，防止表土冲刷，减少肥分散失，抑制杂草生长，提高冬季地温，降低夏季地温的重要措施。

菠萝园进行覆盖能有效减少或抑制杂草生长；雨季防止雨水

对菠萝园表层土壤的冲刷；旱季减少水分蒸发，保湿效果好；冬季能使表层土壤增温 5～7℃；夏季炎热时可使土温降低 3℃左右。因此，对菠萝的生长及结果有良好的促进作用，特别是种植第一年效果最为显著。覆盖的菠萝园植株可提早 15 天发根，叶片生长多且快，植株长势壮旺，产量高。

当前菠萝两覆盖有两种不同做法，即枯草覆盖和地膜覆盖。

（一）枯草覆盖

菠萝园采用枯草覆盖，可以提高土温和保水，防止杂草丛生，减少土壤养分，特别是氮素的流失，促使植株生长壮旺，提高产量，是土壤管理中的一项重要措施。

用于覆盖的枯草主要有稻草，灰叶豆，甘蔗枝干、叶。

通常用割掉绿肥的秸秆或稻草等覆盖，可以调节土壤温度和水分。夏季炎热时可使土温降低 3℃，冬季寒冷时可使上温提高 3.2℃。土壤含水量比对照增加 3%～3.5%，还减轻高温干旱和寒霜的威胁，促进植株的生长发育。与无覆盖比较，生长的叶片多，叶长、宽又厚，生势强，根系发育良好，产量提高。多地区菠萝盖草的实践证明，盖草可提早 15 天发根，增产 25%，植株衰退慢，寿命长。但在雨量多的地区，会造成真菌繁殖的良好环境条件。我国华南地区春夏多雨，秋冬干旱，因此，枯草覆盖就应以秋冬为宜。

用稻草覆盖的，不论是叶片数、叶长、叶厚等，都比无覆盖的增长 20%，这就决定了菠萝速生快长，早结果，结果大；用灰叶豆覆盖的比无覆盖的好，但比不上用稻草覆盖的效果好。在叶色方面，用稻草覆盖的菠萝植株终年叶色浓绿；植物覆盖间作灰叶豆的植株，叶黄绿，不够健康；而无覆盖的植株，则在冬季中，叶色普遍变黄，植株生势减弱。在产量方面，用稻草覆盖的高，其他枯草覆盖的次之，无覆盖的最差。

（二）地膜覆盖

1. 地膜覆盖作用

明显提高产量和品质。增产效果很显著。地膜覆盖菠萝园增产提高品质的原因：

①提高地温，7～10月10cm深土层地温比未覆盖的提高1.2℃，11～12月提高0.65℃。

②土壤含水量可提高3.2%。

③根系发育好，发根快又多，种植后3个月的根长、根数比对照增加40%，植株生长量增加25%。

④土壤有机质及含氮量有所提高。

⑤杂草少，节省中耕锄草的劳力，降低成本。用白色地膜覆盖，最高亩产增加33.5%，而且结果后吸芽早生，抽芽率达80%～90%，芽位低，数量多，比未覆盖的每株增加10%～27.4%，使可投产的母株数增加至每亩5 000株，确保亩产5 000kg。实践证明薄膜覆盖，较稻草或其他覆盖物方便，花工少。尤以黑色地膜效果更好。

2. 地膜覆盖的方法

地膜覆盖是在种植时进行，先将地膜按照畦面大小剪裁好。然后，在地膜上按株行距的要求打好直径约10cm的圆孔（或种时按株行距在地膜上切割成直径10cm十字开口）。在施足基肥，平整好畦面后，将准备好的地膜平整铺于畦面上，四周用泥土压紧，菠萝苗从圆孔种下，未被地膜覆盖的大行间一般可套种豆科作物或绿肥。也可在大行间覆上膜。

采用地膜覆盖，必须强调种植前一定要施足有机肥，以后在此基础上用水肥追施。大型专业菠萝园可将化肥溶液用机械喷施，喷于植株上的肥液，一部分被叶片吸收，另一部分由叶面流入叶基渗入土壤由根系吸收利用。小面积果园追肥可用人工淋施，也可利用菠萝叶片的特殊形态，当基部老叶积聚有水分时，可撒施少量化肥，施后如遇雨天，肥料可被溶解吸收。但由于菠萝叶基组织较幼微，撒施肥料时不能过多，一般一株以 5g 为宜，以免造成叶片灼伤。

通常除种苗种植覆膜外，行间也用黑色塑料薄膜覆盖，减少人工除草，但是要注意覆盖方式，在降水比较少的地区多采用此方法，并且应注意以下事项。

①在覆盖前要有计划地按株、行距，先挖好定植沟，或是先在膜上定点划号打洞，然后盖在地面，将苗植入圆洞里。大苗偏深，小苗偏浅，苗务必与土壤接触好，才能早生根，使发出的吸芽芽位低。要按点定植，使植抹行距整齐一致。

②种植前施足基肥，能维持到 2 年的施肥量。

③为了防止大风吹起薄膜，覆盖后将畦间土壤培压薄膜边上固定。

④种植后发现洞口有杂草，应及时拔去。

⑤注意机械的使用，使用铺膜机的时候要保证铺膜质量与菠萝株行距的正确。

三、种植方法

为保证定植后菠萝生长状况和收获时间的一致性，定植前各类芽苗应严格进行分类、分级和分片种植。

定植的裔芽、吸芽必须是经过一个礼拜晒根，种植时要将芽苗基部的小叶、干叶剥去，露出根点，这样便于发根，同时也防止早花。

种植前必须进行粉介壳虫和心腐病的防治，可以在混有 20% 扑灭松和 80% 福赛德可湿粉剂 200 倍、多菌灵 800 倍溶液中浸泡 3min 根部，再倒置风干后种植。

种植深度根据芽苗的大小及地形地势的不同而定。吸芽的定植深度可以达到约 10cm，裔芽浅一点，约 6cm 即可，冠芽则需更浅些，约 4cm 才行，总的原则就是以生长点不入土中。种得太浅容易被风吹倒，也不易长根成活；种得太深影响发根，甚至几年都难结果。每行植株要尽量种得平直，不歪斜弯曲。小苗定植后须将苗周围的泥土稍加压紧压实，防止倒伏。

第七节　除　草

菠萝是浅根性多年生草本植物，植株矮小，尤其新种和尚未投产的菠萝园，杂草对其生长发育威胁很大。如新种的顶芽、托芽和 30cm 长的小吸芽，由于苗小植株矮，叶片覆盖畦面积尚少，畦面和畦沟容易长满杂草，妨碍菠萝植株生长与田间管理作业。高温多雨季节，杂草更易滋长。为此，必须掌握时机及时除草，即做到早除（在杂草幼小阶段，不能等到杂草开花结籽）、勤除、除净。目前菠萝田的杂草种类主要是禾本科、莎草科、菊科等，如牛筋草、狗牙根、马唐、马齿苋、莎草、狗尾草、稗草、看麦娘、苍耳、龙葵、苦荬菜等。黄茅、硬骨草、香附子等一类宿根恶性杂草，应连根挖除，以防蔓延危害。

一、人工除草

菠萝园浅锄中耕松土，可以切断表层土壤毛细管，减少蒸发，造成疏松透气的土壤环境，有利于根群生长，促进地上部生长壮旺。同时，由于雨季冲刷，造成菠萝露根，甚至倒伏，影响了生长，此时必须结合培土，扶正植株，培上泥土，保护根系的发展，以便吸收养分。特别是采果之后，母株留存的吸芽是下年的结果株，而吸芽是在茎的叶腋间抽出，基部生根缠绕母株，离开地面，根吸收养分困难，故必须培土，使吸芽接近地面，根群开展迅速，这对恢复树势，维护植地耐耕，提早收成和获得增产，是行之有效的技术措施。

新开垦的菠萝园，杂草还比较少，一般一年除草4次左右，第一次除草在草籽刚萌发不久的春季（3~4月）进行。第二次除草在5~6月进行。第三次除草在正造果采收后即7~8月结合施重肥进行。第四次除草在秋、冬季之间进行，使杂草没有结籽和越冬生长的机会。并且在雨季除草必须在上午最好，清除的杂草或防治于菠萝植株顶部，或一并转移到地头堆积处理。

二、化学除草

化学除草省工省时，能不误农时地让菠萝正常生长。

1. 化学除草剂的类别

选择性除草剂，能杀死某些杂草。常用的有莠灭净、草甘膦、百草枯等。在使用茎叶喷雾剂如草甘磷时，应该定向喷雾，防止药液喷到菠萝叶片上，以防产生药害。

2. 除草剂的杀草原理

除草剂的杀草原理是干扰和破坏杂草的新陈代谢，使其失去平衡，从而抑制杂草生长、发育，甚至死亡。

3. 除草剂的施用方法

（1）施用时间以晴天早上露水未干时效果最好。

（2）施用浓度和用药量：在1年生杂草大量萌发初期，土壤湿润条件下，每亩用50%莠灭净可湿性粉剂250~300g，单用或减半量与拉索，丁草胺等混用，对水均匀喷布土表层。

对白茅、香附子、硬骨草等恶性杂草，每667m²（1亩）用茅草枯1 300~1 500g对水40~50kg；当杂草转入生长旺盛期，即用草甘膦进行喷药。一年生杂草每亩施用有效量50~100g（溶于50~100kg水中）；多年生杂草每亩施用有效量100~150g（溶于100~150kg水中）。由于杂草种类、密度、高度、龄期等变化很大，应根据具体情况，酌量增减。

（3）喷施除草剂时喷雾器不能有漏水或喷头不成雾，喷施是只能喷施在畦沟的杂草，不能喷到菠萝叶片上。

第八节　主要台农新品种的选择及其注意事项

一、台农 13 号（冬蜜）

1. 栽植前施用基肥，但缓效性肥料不可施用太多。

2. 虽然整年均可生产果实，但 4~6 月生产的肉声果容易有果心断裂的问题，因此，若要将果实采收期安排到此时，宜注意多施磷肥少施氮肥，以生产鼓声果。由于冬蜜菠萝是台湾品种中现有的各鲜食品种中，果实品质在秋季表现最佳的品种，所以，最好将产期规划到 8 月以后至翌年 2 月生产。

3. 因果实成熟时期容易产生断心、裂心及花障病，因此，开花后宜少施氮肥，多施磷肥，最好不要施氮肥，以减少发生几率。

4. 台农 13 号由于叶片长而果梗短，容易发生通风不良的问题，导致粉蚧、蚧壳虫栖息于果实底部，而诱发烟煤病。因此，宜在谢花后 1 个半月以 20% 扑灭松或 50% 芬杀松乳剂稀释 1 000 倍液喷施防治。

5. 果实生长期间勿喷施植物激素。

赤霉素等植物激素可以增大菠萝果实，但是影响果实品质，使果心偏大、肉质疏松、酸度偏高、风味变淡、成熟迟、不耐贮运。

二、台农 16 号（甜蜜蜜）

1. 种植规格：株行距 35cm × 150cm，双行种植，亩植

2 500株。

2. 从催花到果实成熟需 6 ~ 7 个月。催花时株龄 10 ~ 12 个月。

3. 适宜将催花期安排在 10 ~ 11 月，70cm 以上叶片长度的叶片数 30 片左右，以促进 4 月底至 6 月果实，在海南澄迈等地采果期安排在 11 月也适宜，以 1% ~ 1.5% 电石溶液催花效果好，也可用 300 ~ 500 倍 40% 的乙烯利。

4. 为预防黑目病发生，菠萝果园中最好能装设喷灌设施，在谢花后每周至少喷水 2 ~ 3 次，以保持园区凉冷湿润，并配合做好果实防晒措施。

5. 本品种由于叶片及果梗较长，容易发生倒伏，所以开花后宜在行边设立支柱，并绑牵引线或者塑料绳扶持。

6. 果实坐果后多使用钾肥，可以减少肉声果和水心果。

7. 果实生长期间勿喷施植物激素。

三、台农 17 号（金钻）

1. 适宜将催花期安排在 9 ~ 10 月，以将果实生产期控制在 3 ~ 5 月。

2. 由于本品种的叶片比较短，因此，果实生长后期较不适宜以绑叶的方式防晒，需要利用其他材料如稻草、牛皮色纸袋、纸丝等覆盖遮防太阳。

3. 比较容易发生萎凋病，故栽植后要按时喷药防治。

4. 由于开花期间容易出现花柄断裂，因此现红期间应喷施 0.3% 左右的铜、钙、硼等微量元素混合物，或者喷施台湾生产的凤梨宝，可以预防。

5. 果实生长期间勿喷施植物激素。

四、台农 18 号（金桂花、桂蜜）

1. 宜将催花期安排在 10 ~ 12 月初，以使果实采果期安排在

4～7月。

2. 因肉声果比率较高,常有青皮成熟果,即所谓的"青皮黄"情形发生。因此,采收时必须配合以指弹打果实,以发出似弹打人体皮肉之声音者即已成熟,若等到果皮变黄后才采收,果实已经过于成熟而使品质变劣。

3. 本品种果实柱声果(如同敲柱子的声音)较佳,具有浓厚桂花香味,鼓声果次之,肉声果最差。为提高果实品质,在开花后避免施用太多氮、钾肥,多施磷肥,以提高柱声果及鼓声果的比率。

4. 果实生长期间勿喷施植物激素。

五、台农 19 号（蜜宝）

1. 本品种宜安排在 10～12 月初及 5～6 月催花,以使果实能在 4～7 月及 10～11 月成熟。

2. 因青皮成熟果(肉声果)比率较高,因此采收时必须配合以指弹打,以发出似弹打人体皮肉之声音者即已成熟。

3. 为减少 4～7 月生产之果实的肉声果率,在开花后宜少施氮、钾肥,多施磷肥,但 10～11 月成熟果实不在此限制之中。

4. 栽培密度可稍放宽,以株距 30～36cm 为宜。

5. 果实生长期间勿喷施植物激素。

六、台农 11 号（香水菠萝）

1. 种植规格:两行种畦宽 1.5m、行距 50cm、株距 20cm,亩植 3 000～3 500株。

2. 种植时期:一般选择 8～11 月种植为佳。果实采收期安排在 4～6 月果实品质最佳,果皮全部变黄时采收。

3. 最少要求 35 片以上方可以进行催花。一般 10 月 1 日前后以 500 倍 40% 的乙烯利为好。过高浓度的乙烯利催花会促进小果数目过多，从而形成塔形果，果梗变长、品质下降，1%左右的电石水可以减少塔形果的产生，可于白天处理。

4. 果实生长期，多使用钾肥和磷肥，可以减少水心果的发生。

5. 果实生长期间勿喷施植物激素。

第九节 菠萝的施肥

一、菠萝的需肥规律

菠萝属低矮草本作物，根系浅生且好气，土壤中氧气的多少对于根系的生长非常重要。菠萝对土壤的适应性也较广，以疏松、排水良好、富含有机质、pH值5.0～5.5的沙质壤土或山地红土较好，瘠薄、黏重、排水不良的土壤以及地下水位高均不利于菠萝生长。土壤酸性太强亦不利于菠萝生长，可以诱发菠萝的多种病害及其生理病害。中国热带农业科学院热带作物品种资源研究所在基地种植试验研究发现，pH值4.5左右的土壤可以诱发金菠萝的小果心腐病，金钻菠萝的裂柄、裂果和冠芽干枯，甜蜜蜜日灼加重，香水出现黑目病增多等现象，果实的冠芽变小，糖度下降明显。

虽然菠萝粗生易长，但若要获得高产，必须要有一定肥料补给。如果土壤中的矿质营养缺乏，将直接影响植株营养生长，使植株生长缓慢，瘦弱早衰，生殖生长因而也受影响，造成花蕾小、果小、产量低。为了使植株营养生长旺盛，按期投产并获得高产，应根据菠萝的生物学特征和立地条件，合理进行施肥。

有效的水肥供给能较好地促进菠萝植株生长并为菠萝的早结丰产创造条件。在同等条件下，氮、磷、钾、钙、镁肥对菠萝的生长、根系活力、叶绿素含量等有着不同程度的影响。其中氮对菠萝根系的影响程度最大，磷次之，钙对菠萝的叶绿素含量影响最大。中微量元素（如硼）对果实糖、酸含量的影响较大，而锌对果实 Vc 含量的影响较大。适量的锌可提高叶片叶绿素含量，增强光合作用，促进菠萝生长发育，而高浓度的锌则对菠萝的生长起抑制作用。硼能够显著促进菠萝根系的生长，根长、根重增加。

菠萝对养分的吸收规律，已越来越多地被人们所了解。有人认为，菠萝叶片保持正常的营养值为氮 1.5% ～ 2.5%，磷 0.15% ～ 0.35%，钾 2.0% ～ 3.0%，钙 0.3% ～ 0.5%，镁 0.3% ～0.4%。据测定，香水菠萝（台农 11 号）在快速生长期，叶片氮、磷、钾含量分别为 1.33% ～ 1.77%、0.10% ～ 0.12%、3.62% ～4.63%。可以看出，菠萝叶片中的钾含量最高，氮次之。巴厘菠萝全生育期内，根系氮、钾含量亦均显著高于磷。

根据已有的研究结果，将收获期整株菠萝的营养吸收量列于表 4 - 3。可以看出，不同品种菠萝的养分吸收量存在一定的差异，卡因单株养分吸收量明显高于巴厘。在每公顷分别种植 51 000株卡因和 60 000株巴厘的种植密度下，每公顷的养分吸收量也是前者大于后者。综合比较得出，每公顷菠萝养分吸收量为 N212.4 ～ 282.4kg、P_2O_5 19.7 ～ 56.8kg、K_2O 438.7 ～ 573.2kg。其中以钾的吸收量最多，氮次之，磷最少。因此，菠萝既要注重氮肥的施用，更要注意增施钾肥。

不同生长期，菠萝对养分的需求有所不同。从定植到结果前属营养生长期，施肥应以氮肥为主，磷、钾肥为辅，目的是促进菠萝叶片抽生，增加叶片数和叶面积，为生殖生长打下基础。抽蕾至果实成熟是生殖生长期，施肥以钾肥为主，氮、磷肥为辅。

表 4 – 3 不同品种菠萝的养分吸收量

项目	品种	氮（N）	磷（P_2O_5）	钾（K_2O）	备注
单株养分吸收量（g/株）	卡因	5.538	0.597	11.239	—
	巴厘	3.540	0.328	7.312	—
每公顷养分吸收量（kg/hm²）	卡因	282.4	30.4	573.2	种植密度为 51 000株/hm²
	巴厘	212.4	19.7	438.7	种植密度为 60 000株/hm²
	"菲律宾"	263.0	56.8	518.0	种植密度为 52 500株/hm²

卡因菠萝定植后 6 个月，生长缓慢，对氮、磷、钾各种肥料吸收量不多，定植 6 个月至开花期开始大量吸收肥料。巴厘菠萝植株干物质和氮、磷、钾累积分为 4 个阶段：第 1 阶段，种植后 0～201d，为缓慢累积阶段；第 2 阶段，种植后 201～352d，为快速累积阶段，此阶段干物质和氮磷钾累积量分别占收获时累积量的 39.6%、50.8%、45.8%和 54.6%；第 3 阶段，种植后 352～393d，为累积最快阶段，此阶段干物质和氮、磷、钾累积量分别占收获时累积量的 19.5%、20.2%、17.8% 和 12.3%；第 4 阶段，种植后 393～493d，为缓慢累积阶段，此阶段干物质、磷还有一个显著累积，但氮、钾累积量已很少。

不同品种菠萝的氮、磷、钾养分累积存在一定的差异，定植后至花芽分化初期，巴厘菠萝植株氮、磷、钾养分的累积量占收获期植株氮、磷、钾累积量百分比要大于卡因；在花芽分化初期（或催花期）至见红期（或谢花期），巴厘菠萝植株氮、磷、钾养分累积量占收获期氮、磷、钾累积量的百分比远远大于卡因菠萝；在果实发育期，巴厘菠萝植株氮、钾基本上不再累积，磷还有 16.0% 的累积，但此阶段卡因菠萝植株氮、磷、钾养分的累积量分别占收获期植株氮、磷、钾累积量的 27.7%、36.3%、24.8%；在收获期，卡因菠萝植株氮、磷、钾养分累积量比巴厘菠萝植株分别高 33%、54%、31%。

有研究认为，菠萝对肥料的要求，从定植到花芽分化前，氮、磷、钾的比例为17：10：16，以氮、钾为主；抽蕾后则以钾肥为主，氮、磷、钾的比例为7：10：23。

二、菠萝肥料种类及施肥方式

用于菠萝的肥料主要有氮、磷、钾单质肥料、复合肥等化学肥料、有机肥以及叶面肥等。基肥一般选用有机肥、磷肥或复合肥等长效肥料，在开好定植沟（穴）后施入。追肥主要用氮、磷、钾单质肥料、复合肥以及叶面肥等。

不同种类肥料的效果存在一定的差异。在澳卡菠萝上的研究结果表明，与施用无机化肥（复合肥）相比，施用花生麸、鸡粪、水肥的菠萝植株新抽叶片总数均有不同程度的提高，产量分别提高29.8%、14.5%和4.5%（表4-4），酸降低0.26、0.23、0.08（单位：g/100g 果汁），果实可溶性固形物提高1.4%、1.0%、1.2%；初步探明肥料的效果依次为花生麸＞鸡粪＞水肥＞复合肥，而且施用花生麸能提高菠萝叶绿素含量、根系活力以及叶片和根系的可溶性糖、可溶性蛋白含量，并增强根和叶的SOD 活性，同时增加了土壤相关酶活性和微生物数量，从而有效促进菠萝植株生长。

表 4-4 施用不同有机肥对菠萝产量的影响

处理	单果重（kg）	产量（kg/亩）	比 CK 增产（%）
花生麸	1.48	2 220	29.8
鸡粪	1.31	1 965	14.9
水肥	1.19	1 785	4.5
复合肥（CK）	1.14	1 701	—

注：每亩种植 1 500 株菠萝

除大、中量元素肥料外，施用微量元素肥料对菠萝生长和产量也有一定影响。研究结果显示，叶面喷施镁、铁、锌对菠萝生长和产量有一定影响。与对照（喷清水）相比，喷施硫酸亚铁显著提高了菠萝叶片长度、宽度、叶片数及叶片中叶绿素含量，提高幅度分别为 9.1%、14.9%、15.9%、62.6%，且显著提高了菠萝产量、单果重和商品果率，提高幅度分别为 11.8%、11.5%、7.7%（表 4-5）；叶面喷施硫酸镁显著提高叶片叶绿素含量，但对菠萝叶片长度、宽度、叶片数和产量没有显著影响；叶面喷施硫酸锌对菠萝生长和产量都没有显著影响。

表 4-5 不同处理菠萝产量、单果重及商品果率

处理	产量（t/hm²）	单果重（kg）	商品果率（%）
处理 1（喷镁）	35.85b	0.90b	80.7b
处理 2（喷铁）	58.05a	0.97a	85.0a
处理 3（喷锌）	52.95b	0.88b	80.2b
处理 4（喷水）	51.90b	0.87b	78.9b

说明：大于或等于 0.75kg 的菠萝果实计为商品果

肥料施用方法：一是作基肥；二是作追肥。基肥一般在种植菠萝前通过沟施或穴施的方式进行。实践证明：施足基肥，不仅可以及时供应幼苗期的养分，还能起到改善土壤物理性能，增加团粒结构，使土壤疏松透水、透气良好，同时，调整土壤酸碱度，加速土壤微生物的繁殖，促进根系生长。追肥分根际追施和根外追施两种，根际追施主要有以下几种方式。

（1）将肥料撒施于菠萝根部附近土壤，之后淋水灌溉。

（2）将肥料溶于水，用水管淋灌水肥。此方法方便快捷，目前被很多农户采用。

（3）将肥料溶于水，用施肥枪将水肥注入菠萝根部土壤中。此方法能将肥料充分施入土壤，利于菠萝植株根系吸收，效果较好，台商果园广泛使用；缺点较为费工费时。根外追施即喷施叶

面肥，多用于钾肥、微肥等肥料的追施。

还有一种根际追施技术，即滴灌施肥技术。目前在菠萝上应用较少，但在其他作物上应用效果表明，滴灌施肥技术能够实现大面积的自动化管理，降低劳动力成本，提高肥料利用效率，增产增收。在广东省徐闻县对巴厘菠萝开展的试验结果表明，与常规施肥相比，滴灌施肥能促进菠萝生长发育，对菠萝产量、商品品质以及经济效益的提高具有积极影响。滴灌施肥技术能够促进菠萝主要营养器官的生长，叶片数、叶面积指数、茎长、干物质累积量以及果实的膨大速度和果实大小等均显著高于常规施肥。滴灌施肥情况下，菠萝产量可达到 81 405kg/hm²，增产 39.04%。商品品质大幅度提高，商品果率为 95.73%，较常规处理高11.51%（表 4 - 6），且果实内在品质未下降。氮、磷肥分别节省42.84%、52.67%。

表 4 - 6　不同施肥处理对菠萝产量的影响

处理	产量 （kg/hm²）	商品果重 （kg/hm²）	小果重 （kg/hm²）	商品率 （%）
CK	35 685c	12 495c	23 190a	35.00
常规施肥	58 545b	49 305b	9 240b	84.22
滴灌施肥	81 405a	77 925a	3 480c	95.73

注：0.75kg 以上（包括 0.75kg）的果实为商品果

三、菠萝施肥时间

一般而言，肥料主要在营养生长期间使用，而果实膨大期间很少使用，如果考虑到营养失衡的情况，可以在花后 60 天使用液态肥料。施肥时间一般根据菠萝的物候期来确定，大致可分为以下几个阶段。

1. 基肥

一般在开好定植沟（穴）后、种植菠萝前施入。

2. 壮苗肥

在菠萝植后的缓慢生长期和快速生长期，可多次追肥。

3. 花前肥

在催花前 1 个月左右施入。

4. 壮蕾肥

在催花现红点后施入。

5. 壮果肥

在果实发育期喷施。

四、菠萝施肥量

（一）施肥对菠萝产量和品质的影响

施肥量对菠萝植株生长、产量和果实品质有显著影响。1964 年马来西亚柔佛菠萝试验站以"新加坡—西班牙"种作试验材料，试验结果表明（表 4 - 7）：菠萝产量随着施氮量和施钾量的增加而显著增加，N_3 水平（$N278.0kg/hm^2$）菠萝产量（$32.89t/hm^2$）比 N_1 水平（$N\ 83.4kg/hm^2$）菠萝产量（$30.77t/hm^2$）高 6.9%。K_3 水平（$K_2O\ 333.6kg/hm^2$）菠萝产量（$34.03t/hm^2$）比 K_1 水平（$K_2O\ 111.2kg/hm^2$）菠萝产量（$28.74t/hm^2$）高 18.4%。磷肥的增产效果不显著。增施氮肥对菠萝品质的影响不显著，菠萝糖、酸含量随着钾肥施用量的增加而略增加。

表 4 - 7 不同施肥量对菠萝产量和品质的影响

施肥水平	施肥量（kg/hm²）	产量（kg/hm²）	平均果重（kg）	柠檬酸（%）	糖度（%）
N_1	83.4	30.77	0.78	0.64	11.9
N_2	166.8	31.98	0.81	0.65	12.16

（续表）

施肥水平	施肥量 （kg/hm²）	产量 （kg/hm²）	平均果重 （kg）	柠檬酸 （%）	糖度 （%）
N_3	278.0	32.89	0.83	0.64	12.05
P_1	27.8	31.51	0.80	0.67	12.28
P_2	55.6	31.80	0.80	0.63	12.04
P_3	83.4	32.30	0.82	0.64	11.78
K_1	111.2	28.74	0.73	0.59	11.78
K_2	222.4	32.87	0.82	0.67	12.06
K_3	333.6	34.03	0.86	0.68	12.27

2003 年在巴西圣保罗州的研究结果表明，氮、钾肥能显著提高菠萝产量，氮、钾肥施用量分别为 498kg/hm² 和 394kg/hm² 时，产量最高，达 72t/hm²。磷肥对菠萝生长的影响不显著。增施氮肥降低了菠萝可溶性固形物和总酸含量，钾肥则能提高菠萝可溶性固形物、总酸和维生素 C 含量。

在广东雷州半岛，对巴厘菠萝的研究结果表明，在保证磷、钾供应充足的基础上，随着施氮量的增加，菠萝产量呈先增后减的趋势，施氮量为 300kg/hm² 时，菠萝产量达 96.76t/hm²，显著高于空白对照，增产达 25.24%（表 4-8）。随着施氮量的增加，菠萝果实的可滴定酸和维生素 C 含量下降，但 300kg/hm² 处理的可滴定酸、维生素 C 和可溶性糖含量与 150、450kg/hm² 处理无显著差异。另有研究表明，适量增施氮肥能提高巴厘菠萝采收时可溶性固形物和可溶性糖含量，降低维生素 C 含量，减缓贮藏期间果实可溶性固形物和可溶性糖含量的下降，提高果实可滴定酸、维生素 C 和可溶性蛋白的含量。菠萝每亩施氮 15kg 时，能有效改善菠萝果实的贮藏品质。

对卡因菠萝的施肥试验结果显示，施用氮、磷、钾肥对菠萝均有增产效果，菠萝施肥增产、增收效果以及对产量的贡献率均表现为氮 > 钾 > 磷。在施 P_2O_5 100kg/hm² 、K_2O 500kg/hm² 基础上，施氮降低了果实中维生素 C 和可滴定酸含量，增加了可溶性糖含量，而在施 N 400kg/hm² 、P_2O_5 100kg/hm² 基础上，施钾增加了果实中维生素 C、可滴定酸和可溶性糖含量，施用磷肥对果实品质影响不大。

表 4 – 8　不同施氮处理对菠萝单果重和产量的影响

处理	施氮量 （kg/hm²）	单果重 （g）	增幅 （%）	产量 （t/hm²）	增幅 （%）
N_0	0	970. 20 ±47. 91c	—	77. 26 ±1. 52c	—
N_1	150	1 108. 30 ±53. 67b	14. 24	87. 99 ±2. 13b	13. 89
N_2	300	1 214. 50 ±85. 84a	25. 18	96. 76 ±2. 16a	25. 24
N_3	450	1 089. 60 ±59. 58b	12. 30	87. 11 ±0. 48b	12. 75
N_4	600	1 106. 50 ±57. 18b	14. 05	88. 24 ±1. 05b	14. 22

（二）菠萝施肥量的确定

由于不同菠萝植区的土壤、气候类型差异较大，品种、种植密度、耕作制度、收获产量等亦不相同，因此，各地的施肥量及施用比例亦各不相同。例如，品种不同，需肥量也不一样，植株健壮高大、叶大厚长的卡因类品种，需肥量大和较耐肥水，反之，植株生长中等、叶较小短的皇后类品种，需肥量较小。

随着对菠萝植株养分分析数据的日益增多，菠萝植株养分吸收特性已逐渐为人们所认识。根据表 4 – 3 中的数据，每公顷菠萝养分吸收量为 N 212. 4 ~ 282. 4kg、P_2O_5 19. 7 ~ 56. 8kg、K_2O 438. 7 ~ 573. 2kg。氮肥当季利用率仅为 30% ~ 40%，且容易通过淋溶、挥发等途径损失。磷肥当季利用率为 20% 左右，钾肥为 40% 左右，但磷、钾肥的大部分养分会累积在土壤中，可供下一季作物使用。菠萝施肥量可以根据当地土壤肥力状况，在其养分吸收量的基础上做适当调整。要确定菠萝合理的施肥量和施用比例，需要通过当地多年的试验，结合当地土壤养分分析，才能获得比较切合实际、经济效益最佳的施肥方案。而且，氮、磷、钾的施用比例，在整个菠萝生长发育周期中并不是一成不变的，因此，必须根据菠萝在不同生长阶段对营养需求的差异来进行合理的调节。

目前我国各生产区施肥水平各异，肥料用量以及氮、磷、钾肥的比例不尽相同。据广西、福建、广东各菠萝农场场的经验，在菠萝施肥上氮、磷、钾的施用比例大致是 3∶1∶2，每亩氮、磷、钾肥的施用量为（按纯量计）：N 35～60kg、P_2O_5 14～40kg、K_2O 13～40kg，相当于每公顷施 N 525.0～900.0kg、P_2O_5 210～600kg、K_2O 195～600kg。钾肥施用量普遍偏少，而美国夏威夷施用的比例为 2.5∶1∶4。

在雷州半岛，通过对卡因菠萝产量效应函数进行频率分析法寻优得出，卡因菠萝目标产量超过 105t/hm²，95% 置信区间的优化施肥量为氮（N）281.27～436.48kg/hm²、磷（P_2O_5）64.03～121.69kg/hm²、钾（K_2O）428.59～628.55kg/hm²，N、P_2O_5、K_2O 的最优施肥量配比为 1∶（0.15～0.43）∶（0.98～2.23）。

另外，在施肥具体操作过程中，做法各不相同。这里详细地介绍一套施肥方法，可根据菠萝品种、土壤条件等实际情况，加以调整。

1. 基肥

菠萝是一种耐肥作物，加上种在丘陵、坡地上追肥不方便，因此，施足基肥很重要。施有机肥的菠萝园，抽蕾较整齐，果大，吸芽早抽发，抽生数量较多，产量也比无基肥的高得多。1980 年，琼海市烟塘镇大头坡村一位果农，种菠萝 500 株，共 16 行。其中 8 行用牛粪作基肥，每株 0.5kg，另外 8 行不施基肥，用冠芽在 6 月底种植，无基肥的第二年每株多施豆麸 0.1kg。结果发现，施基肥量虽然较少，但比不施基肥，翌年加施豆麸的好，不仅生长量旺，结果率也大大提高，故定植前施基肥是菠萝增产的一个重要环节。要想种好菠萝，每亩要施农家肥 500～700kg，加过磷酸钙 25kg，复合肥 10kg。如果没有农家肥，每亩要施过磷酸钙 50kg，复合肥 25～30kg。施基肥时先结合整地均匀地施放在植穴内，然后才定植。不过用复合肥作基肥是很危险的，万一下一场大雨，化肥会有被冲走的可能。因此，采用黑色塑料薄膜覆盖，既可防止杂草生长，又可防止雨水冲走表土和肥料。

目前认为，比较好的方法是基肥在开好定植沟（穴）后施入。每亩施过磷酸钙 50kg，并混合施入禽畜粪 500～1 000kg 或生物有机肥 50～100kg + 花生饼或菜籽饼 100kg。

2. 壮苗肥

植株开始抽生新叶至长出 4～5 片新叶期间，分 3 次用高氮型复合肥料，每亩每次不超过 20～30kg；中苗期后分 2 次施肥，第 1 次每亩用尿素 20～30kg + 硫酸钾 10～15kg 混施；第 2 次每亩混合施入尿素 15～20kg + 硫酸钾 20kg + 过磷酸钙 50kg。催花前一个月停止施肥。

3. 壮蕾肥

在催花现红点后，每亩用复合肥 20kg + 硫酸钾 10kg 混施。对于容易裂果和裂柄的金钻菠萝，必须此时施入含有钙、硼等元素的微肥。

4. 壮果肥

抽蕾后，每亩用复合肥 20～30kg + 硫酸钾 10kg 混施。

5. 叶面肥

营养生长期，每月喷施 1 次叶面肥，推荐用 1% 尿素 + 0.2%

磷酸二氢钾混合液。开花末期推荐用1%磷酸二氢钾溶液喷果面1次。20~30天后，再用1%氯化钾溶液喷施1次。果实发育期每月喷施0.1%硝酸钾1~2次、0.1%硝酸钙镁1次，防止裂果。

第十节　排水和灌溉

一、排水

菠萝耐旱，但是最忌积水，所以在雨季前都要修整纵横的排水沟，以利排水。菠萝要求通气良好的环境，土壤水分过多、通气不良，会导致烂根，严重影响生长及结果。另外水分充足的时期，有些果肉半透明的菠萝品种采收后不耐贮运。因此，及时排水工作不可忽视。

观察发现，香水、金钻、巴厘和金菠萝对水分的适应性比较强，而常见的其他品种容易出现果肉半透明现象明显，果皮下容易松软。所以，如果在平地种植，必须有比较深（50cm左右）的排水沟。

二、灌溉

菠萝虽然耐旱，但在苗期和果实生长发育期，需要较多的水分。因此，在芽苗定植时，特别是在定植后一个月左右时间，遇旱时需要灌溉，以促进新根萌发，加速植株生长。海南各主产区，一般没有灌溉设施，丘陵坡地灌溉也困难。但是广大果农利用秋雨季进行定植，则也可克服苗期缺少水分供应的困难。在果实生长发育期，特别是果实成熟前需要水分特别多，要有水供应，因此需要灌溉。

菠萝园的灌溉有地面和叶面喷灌两种：

在丘陵坡地进行地面灌溉是难以做到的，一是水源缺乏，二是不好开沟灌溉。而叶面喷灌则是可采用的。1982年海口市菠萝研究所的丰产园，曾经采用喷灌技术，进行菠萝高产栽培，获得每公顷产 30 000~37 500kg 的好收成，喷灌往往结合着喷施微量元素进行。

位于广东徐闻的丰收公司近年来的试验表明，喷灌是比较经济又方便推广的技术。我国平地果园有采用膜下滴灌或者行间黑色薄膜管道喷灌的措施，这种方法推广的不多，多采用行间覆盖薄膜保水。泰国的大型菠萝公司在台地果园主要通过不同梯度进行起垄灌水，多余的水自动流到下一级的行间，对于平地果园，采用管道巡回机械喷灌。

第五章　产期调节生产技术

第一节　自然开花

　　菠萝自然开花受品种、株龄、植株大小、叶片数、温度、生长环境等因素影响较大，在开花时间、开花率等方面都具有较大的不确定性。在海南省儋州市宝岛新村，菠萝一般在春节前后开花，此时的温度为18~30℃。首先是早熟品种先开，其次是中熟和晚熟依次开放，尽管不同品种、不同种植区菠萝的生理成熟期不同，不同种植模式下达到生理成熟所需要的时间不同，但通常认为拥有30~40片、叶长30cm以上菠萝植株即已达到生理成熟阶段，在合适的环境条件下能够自然开花。在广西南宁大田栽培条件下，无刺卡因菠萝正造自然开花率为0.8%~25.6%（开花时间为种植后15~17个月，3~5月），二造为40%左右（开花时间为种植后18~21个月，6~9月），巴厘的自然开花也只有1/3；在闽南金三角地带种植无刺卡因沙捞越，种植2~3年后的自然开花结实率为60%~80%。Das等的研究结果表明，印度Tripura地区种植的无刺卡因Queen和Kew，在生理完全成熟的条件下约有80%的植株自然开花时间集中在10~12月。Turnbull等的研究结果则显示，即使在生理完全成熟的状态下，种植15个月的无刺卡因13号在温室条件下（白天25℃/夜晚15℃）的自然开花率也不足20%，大田种植条件下（环境空气温度30℃）的自然开花率为0，可见卡因类品种在自然条件下开花不容易。然而，卡因类品种在每年2月前后的海南儋州自然开花比例很高，自然开花似乎在经历低温后温度回升的过程中大量发生，但

开花时间因植株生长情况的差异而不同。

第二节 菠萝自然开花的影响因素

冬季低温是导致菠萝自然开花的重要因素。在夏威夷 11 月至翌年 1 月，只要有一段时间低于 15℃的夜温，菠萝就会发生自然开花。有研究表明，当夜温在 20℃持续 16h 时，无刺卡因开花最快；当夜温在 15℃和 25℃时开花最慢；而当夜温 30℃时，3 年都不开花；当夜温为 15℃时，花数量最多，果实最重。Sanewski 等则观察到菠萝植株在气温低于 20℃持续 10 ~ 12 周的情况下即可以 100% 的自然开花。Min 和 Bartholomew 观察到生长在 30/30℃（日温/夜温）环境中的菠萝茎叶组织中的乙烯产生量及 ACC 氧化酶活性要比生长在 30/25℃环境中的低。ACC（1 - 氨基环丙烷 - 1 - 酸）氧化酶活性越高，意味着植株体内合成乙烯的能力越强，即低温刺激了植株乙烯的产生，而乙烯正是促进菠萝开花的最根本因素；同时，低温本身也促进植株碳水化合物的积累。有研究认为，低温处理可以促进烟草叶中蔗糖磷酸合成酶的活性，从而促进叶、叶柄、茎和顶端分生组织蔗糖含量增加。此外，低温还可以诱导菠萝茎尖乙烯的大量产生。采用电石催花时辅以低温处理，可以使"台农 17 号"菠萝的催花成功率由 50% 提高到 100%。

菠萝本身的生理状况也影响自然开花率。与其他作物相似，过于旺盛的营养生长会减弱对成花刺激的敏感度而阻遏或延迟菠萝开花，一旦植株达到一定的大小，就会对成花诱导的环境因素如减少营养（特别是氮素营养）、水分供应，以及对温度、日照时数和太阳辐射降低表现敏感度；而未达到一定大小的植株则对这些因素（包括人工化学催花）不敏感。在长期干旱的地区适当地灌溉会促进植株生长，随着植株长大，对自然成花刺激因素的敏感度也增加。生产上常看到的大苗植株比小苗植株开花提早7~10d。

品种之间也存在一定的差异。Ching – san Kuan 认为，植株对乙烯敏感性的品种间差异对于自然开花的影响最大，其次才是气候条件和栽培技术。无刺卡因不敏感，而"73 – 114"（金菠萝、MD2）及"台农18号"非常敏感。据多年的栽培实践，"无刺卡因"在广东湛江，植株重大于3 000 g，自然开花率均在90%以上。而"金菠萝"在湛江的表现因栽培时期不同自然开花率也不同，定植于4~6月表现出较高的自然开花率，8~10月种植的自然开花率仅为5%左右。"巴厘"菠萝的自然开花率较低，"台农17号""台农13号""Perola"容易自然开花。要比较不同品种容易自然开花的难易程度，需统一种苗来源、大小及定植时期，方能作出客观的评价。

在不同地区，菠萝的自然开花率相差甚远，一般为5%~10%。墨西哥可达20%，澳大利亚某些年份，可达50%~70%。巴西的早花现象更是普遍，可达80%左右，巴厘品种在广西隆安地区的自然开花率只有30%~50%。实际上，随着种苗来源的丰富，以及品种的不断更新，我国菠萝的自然开花率远远高出这个数，而中国热带农业科学院热带作物品种资源研究所的40多份菠萝资源的自然开花率不低于90%。2007—2010年对广东省丰收公司所种植的无刺卡因连续调查发现，长30cm以上的叶片数大于40的植株，自然开花率均在90%以上。夏威夷因其周年生产的需要，自然开花现象非常普遍。

第三节　菠萝开花的生理基础

菠萝自然开花主要发生在冬春季，在海南省儋州市的宝岛新村，菠萝一般在农历春节前后现红、抽蕾、开花，此时的温度为

18～30℃。首先是早熟品种先开，其次是中熟和晚熟的依次开放。有专家推测，冬季自然开花率较高可能与寒流来袭时温度骤降有关。Maruthasalam 等试验证实，冰水或冰处理茎尖可以诱导台农 17 号菠萝开花，其效果与施用 1.0% CaC$_2$ 或 0.15% 乙烯利效果相当。乙烯可以促进菠萝开花。自然开花多发生于凉冬季节以及冰水或冰处理能够诱导菠萝开花，可能与低温和冰处理增加了菠萝内源乙烯含量有关。刘胜辉等测定了菠萝自然花芽分化与内源激素之间的关系，推测高水平的乙烯和 ABA、低水平的 IAA 和 GA$_3$ 有利于花芽分化。

第四节　人工诱导菠萝开花的生理基础

迄今已经发现乙烯、乙烯利、乙炔、CaC$_2$、α - naphthalene acetic acid（NAA，α - 萘乙酸）、β - naphyl acetic acid（BNA，β - 萘乙酸）、β - hydroxyethyl hydrazine（BOH，2 - 肼基乙醇）等多种化学物质可诱导菠萝提早开花，并确认 NAA/BNA 是通过诱导内源乙烯的生物合成发挥作用。乙烯利通过分解释放出的乙烯以及诱导内源乙烯的合成发挥作用；CaC$_2$ 与水反应可以释放出乙炔，乙炔作为具有乙烯生物活性的类似物，在诱导菠萝开花方面可以发挥与乙烯相同的功能，但外施乙炔是否也通过诱导内源乙烯的合成而发挥作用目前尚未可知。高水平的乙烯和 ABA、低水平的 IAA 和 GA$_3$ 有利于花芽分化，外施乙烯利促进菠萝花芽分化可能是由于增加了细胞内乙烯的含量或促进了内源乙烯的生物合成。Min 和 Bartholomew 认为，乙烯在花芽分化启动阶段发挥关键性的作用，而 GA$_3$ 则可能参与了花器官的发育。在白天 30℃/夜晚 20℃ 的空气环境中，施用乙烯利 24h 大约有 60% 的乙烯利可以通过叶表皮细胞和气孔进入叶肉细胞；施用乙烯利后的茎尖和 D 叶基部中的内源乙烯（处理后第 8 天达到峰值）、ABA（处理后第 4 天达到峰值）和 2 - iP（异戊烯基腺嘌呤）含量逐渐升高，IAA、GA_3 和 ZT 含量则下降；当花芽分化启动后，乙烯、ABA 和 2 - iP 含量下降，但 IAA、ABA 和 ZT 含量则上升。乙烯利处理后 24h，芽中蔗糖和果糖含量开始上升，60h 蛋白质水平上升，碳水化合物和游离脯氨酸分别在 48、60h 达到高峰；幼果形成期叶片中大多数游离氨基酸含量呈下降趋势。

海南省农业科学院果树所以台农 16 号菠萝为材料的研究结果表明，用乙烯利处理后 60 小时芽生长点及 D 叶中 GA_3 和 IAA 含量均下降到最低值，乙烯含量则达到最高峰。

菠萝自然开花在开花时间和开花率方面受环境影响较大，具有极大的不确定性，依靠自然开花生产菠萝常导致菠萝种植区菠萝集中上市或无法有效预期菠萝上市时间或同一批种植菠萝开花、结果时间不一致等（果实收获时间不一致，失去商品化种植价值），给生产者带来巨大的经济损失。20 世纪早期国外科技工作者开始关注菠萝开花问题，随后陆续发现了乙烯、乙烯利、乙炔、CaC_2、α - naphthaleneacetic acid（NAA）、β - naphylacetic acid（BNA）等均可诱导菠萝提早开花，这些发现被迅速应用于菠萝的商业化生产中。应用乙烯利或乙炔诱导菠萝开花技术目前已成为菠萝商业化种植最关键的技术之一，不仅可以提高开花的整齐度和开花率，提高菠萝的商品价值和产量，通过合理安排种植时间与使用开花诱导技术，也可以达到产期调节生产菠萝，周年生产菠萝的目的。在应用过程中，许多专家学者也针对不同的品种、不同的种植条件和不同的施用方法对外源刺激诱导菠萝成花进行了系统的研究，确认了乙烯是目前发现的一种唯一能够直接启动菠萝生殖生长的激素，并发现乙烯利和乙炔诱导菠萝开花的效果不仅与施用的浓度、方法、时间有关，也与植株年龄、绿色叶片数量和大小、周围空气的温度和湿度、pH 值等都有很大的关系，外施不同浓度的乙烯利对不同品种菠萝开花诱导效果表现出较大的差异。在控制条件下，台农 4 号和巴厘种耐受性较大，40% 乙烯利 300~1100 倍液均能有效诱导开花；台农 11 号、16 号和 17 号的耐受性相对较低，40% 乙烯利 500 倍液的诱导效果开始下降，700~1100 倍基本没有诱导作用（表 5-1）。在生产实践中，人们通常采用乙烯利 + KH_2PO_4 混合溶液诱导菠萝开花。研究发现，添加 0.3% 的 KH_2PO_4 对诱导菠萝开花没有任何影响。以台农 16 号菠萝为材料研究了乙烯利对菠萝成花的影响，包括花芽形态、果实发育等，结果发现，40% 的乙烯利对台农 16 号菠萝催花的有效浓度为 300~500 倍液，其中 300 倍液处理对开花的诱导率达 100%。在此范围内，随着乙烯利浓度的增加果柄增长，果实纵径、横径，单果重均呈下降趋势；乙烯利浓度过高或连续多次过量施用容易导致出现双冠果、三冠果或多冠果等。

表 5-1　不同菠萝品种资源开花与乙烯利灌心诱导开花比较

品种	开花率（%）			
	自然条件下	300 倍 40% 乙烯利催花	500 倍 40% 乙烯利催花	700 倍 40% 乙烯利催花
台农 16 号	25.1	100.0	95.6	0
台农 17 号	21.5	100.0	97.8	0
台农 11 号	21.5	100.0	98.0	0
台农 4 号	18.5	100.0	100.0	100.0
巴厘	29.7	100.0	100.0	100.0

试验地点：海南省琼北地区；时间：2006 年 10 月 1 日种植，2007 年 10 月 25~26 日统计自然开花率，2007 年 8 月 5 日实施灌心催花，10 月 25~26 日统计乙烯利诱导开花率

第五节　产期调节生产必要性

菠萝自然条件下，在春节后会自然现红出花，果实 6 月以后成熟，这个时期产地的温度比较高，食用口感最好。但是，有些地区，有些年份果实成熟时期降雨增大，反而会降低果实品质，降低耐贮运性能。同时，作为销售市场的北方温度已经迅速回升，高温下菠萝不耐运输且货架期短，商品性能差。而冬、春季节果实由于在销售地温度地容易保存，加上在农历新春前后，售价较好，从而导致了产期调节生产技术的产生和应用，以便有利于菠萝采摘时期经济效益的最大化。

第六节　产期调节所需要的药品及其使用剂量

最早（1885 年）人们发现烟熏可以促进菠萝开花，20 世纪 30 年代确定烟熏的有效成分为 C_2H_4。随后人们发现生长素类物质也能诱导开花。30 年代夏威夷的果农直接用 C_2H_4 或乙炔气给菠萝催花，到 40 年代，生长素被发现也有催花作用，人们开始用 NAA 催花。据报道 NAA、INA、BNA、2，4－D、琥珀酸、乙烯利、乙炔、羟基乙腈和 B－羟基乙腈都具有催花作用，但只有 C2I－14、乙炔、电石、乙烯利使用较多。

1966 年起，海南行政公署农业处和文昌县农业局就在重兴地区进行催花试验、示范工作，又由海口、金鸡岭等罐头厂在生产基地大面积推广，与此同时，广东、广西也展开了产期调节栽培技术的研究。

经过半个世纪的不断实践，产期调节生产技术已经成熟，在海南、广东、广西等地普遍应用。菠萝产期调节生产常用催花的植物生长调节剂有电石、乙烯利、萘乙酸和萘乙酸钠等。

一、电石（CaC_2）

电石又叫碳化钙，是一种灰色和黑色易燃颗粒状或块状固体。电石是一种矿物，不是植物内源激素，但是电石极易吸湿，遇水后会产生乙炔气体。乙炔同乙烯一样有促进菠萝提早开花的调节作用，因此，生产上也将之归为植物生长调节剂类。由于碳化钙在细胞及组织运转过程中易受外界环境条件影响，如阳光强、蒸腾大，使过氧化酶分解加强，很容易从组织中渗透出来形成乙炔，促进菠萝提早开花，所以它最先作为催花药剂应用到生产中去，但是，使用过程不如乙烯利方便，应用较少。然而，近些年来，反馈电石催花果梗短，果实品质好，而有些品种如台农16号、17号乙烯利催花不容易，电石催花相对成功率高。

电石催花可分电石水灌心和电石粒投心两种方式：

电石水灌心的浓度为0.5%～1%，即100kg水泡0.5～1kg电石，用之淋灌菠萝植株的心部，大的每株灌30～40ml，小的灌10～20ml，以灌满心为止。应用此法应注意电石水的浓度，浓度过高，会造成乙炔散失而影响效果。在台农16和17号上反馈得到的信息是需要的电石水的浓度更高，一般达到1.5%～2%催花率才高，间隔2～3天连续使用2次。

电石粒投心。通常每株用电石粒0.8～1g，投入露水未干的菠萝植株心部，据台湾果农经验介绍，通常选择8～10月和3～4月进行电石投心催花，前者可以产春果，后者则产秋果。采用电石催化应考虑天气条件和施肥水平。要选择晴天进行，最好于夜间11时至凌晨打手电进行效果最佳。处理前后一段时间要避免施硫酸化肥，否则将影响催花效果。使用电石粒投心时，如电石结块，要防止用铁锤敲打而发生爆炸。间隔2～3天连续使用2次。

二、乙烯利（简称 ACP、CEP、CEPA）

乙烯利是不饱和碳氢化合物，能促进菠萝体内乙烯合成酶生成乙烯，促使菠萝提早开花。乙烯利与其他激素一样，同一品种不同器官，其使用浓度也不同，低浓度有促进生长作用，适量浓度有促进提早开花和催芽作用，高浓度有促进果实成熟作用。

乙烯利还具有催熟作用。乙烯利催熟后的果实，如留在母株上比提早从母株上采收的更具有耐贮性，且不影响鲜食和加工品质。因此，在菠萝收获高峰期，可以采取留在树上，分期采收的办法，减轻采收高峰带来的压力。

目前，海南省菠萝产区已广泛应用乙烯利促进菠萝开花，调控果实的生长时间，提早成熟和催熟等，其效果稳定，安全可靠，使用方便。

乙烯利催花的技术要求：

乙烯利催花的浓度不太严格，$250 \times 10^{-6} \sim 1\,000 \times 10^{-6}$（即 $250 \sim 1\,000$ mg/kg，下同）都有效而安全，但具体操作时应根据气候和品种的不同而异。低温，卡因类需要的浓度大，而高温，巴厘类需要的浓度低。气温高，巴厘种使用浓度为 400×10^{-6} 即含量 40% 的乙烯利 15ml，加水 15kg；气温低，或者是沙拉瓦种使用浓度为 800×10^{-6} 即含量 40% 的乙烯利 30ml，或加水 15kg（表 5-2）。在催花的同时，加入 0.2% 浓度的优质尿素溶液，或加入 0.2% 氯化钾溶液，每株灌心 30~50ml，用事先量好的竹筒或其他容器，将药液倒灌于植株心中，也可以用背负式喷雾器压液点心，点心比使用竹筒灌心方法可提高工效 1~2 倍。

表 5-2　40% 乙烯利水剂稀释表

浓度（10^{-6}）	每毫升加水量（kg）
200	2

（续表）

浓度（10^{-6}）	每毫升加水量（kg）
400	1
800	0.5
1 000	0.4

广西南宁市园艺场于 1973 年进行乙烯利促花试验，并在较大面积推广应用，结果表明使用乙烯利促花，抽蕾快，抽蕾率高，果形上下一致，操作方便，成本低，比用电石处理较为有利。通过试验，他们认为在同一时间，浓度高的处理抽蕾较快，如在 6 月 9 日用乙烯利灌心，100～150mg/kg，35 天开始抽蕾，200～400mg/kg 则 30 天，500～1 000mg/kg 处理只要 26 天就开始抽蕾了。气温高时药液浓度可以降低，在 6～7 月高温期药液浓度以 100～400mg/kg 为宜，入秋后气温逐渐下降，使用浓度应在 500mg/kg 以上。该场在 7 月 28 日用 50mg/kg 浓度的药液处理有 80% 植株抽蕾，在 9 月 6 日用同一浓度处理则无一抽蕾，而在 9 月 6 日用 250mg/kg 处理后 53 天抽蕾率为 60%，500mg/kg 处理 45 天后抽蕾率为 90%，1 000mg/kg 处理后 42 天抽蕾率为 100%。不同品种的效果亦有差异，在 7 月 14 日用浓度为 500mg/kg 的药液处理两个品种，38 天后检查其结果，发现卡因种抽蕾率只有 65%，而巴厘种则有 88%（表 5 - 3）。

乙烯利浓度过高或连续多次过量施用容易导致出现双冠果、三冠果或多冠果等，影响果实商品性。

表 5 – 3　乙烯利不同时期处理卡因种的促花效果

处理时间	药剂浓度 （mg/kg）	抽蕾率 （%）	采收时期	处理至采 果天数	平均单果重 （g）
1974 年 9 月 11 日	320	—	1975 年 5 月 13 日	287	1240
	400	100	1975 年 4 月 23 日	220	
	500	83.3	1975 年 4 月 26 日	220	
1974 年 11 月 16 日	400	88	1975 年 7 月 14 日	238	1040
	500	100	1975 年 7 月 6 日	230	
	600	100	1975 年 7 月 6 日	230	
1975 年 1 月 16 日	400	75	1975 年 7 月 24 日	188	1165
	600	95	1975 年 7 月 21 日	185	
	800	100	1975 年 7 月 21 日	185	
1975 年 3 月 2 日	300	100	1975 年 9 月 11 日	189	1185
	400	100	1975 年 9 月 2 日	180	
	500	100	1975 年 9 月 1 日	179	
1975 年 5 月 16 日	320	100	1975 年 10 月 25 日	161	1420
	400	100	1975 年 10 月 25 日	161	
	500	100	1975 年 10 月 25 日	161	
1975 年 7 月 16 日	320	100	1976 年 1 月 28 日	198	740
	400	100	1976 年 1 月 28 日	198	
	500	100	1976 年 1 月 28 日	198	

备注：广东惠来县农业局 1974—1975 年的数据

三、萘乙酸（NAA）和萘乙酸钠（NAA – Na）

萘乙酸是人工合成的植物生长调节剂，纯品为白色结晶，难溶于水，可溶于酒精、醋酸和苯。萘乙酸是一种弱酸物质，可与碱反应生成盐类，常用的有萘乙酸钠，它溶于水，具有催花作用，也有促果的功效。

广西在1963年用萘乙酸从1~12月每月促花试验一批，各批抽蕾率都在70%以上。试验结果表明，温度较低的月份，所需萘乙酸浓度较大。温度较高的月份，15~20mg/kg已可以取得较好的促花效果，一般处理后15~40天就能抽蕾，但这样的浓度对已结果3年以上的老株促花效果不稳定。广西某个农场1973年5月8日采用50mg/kg，100mg/kg，150mg/kg，200mg/kg浓度萘乙酸液，对植株高度0.5m、叶片25张以上的菠萝植株进行灌心促花，试验结果表明，不论每株灌100mg/kg、150mg/kg、200mg/kg浓度药液是20ml还是50ml，结果率均可达到100%，每株灌50mg/kg浓度的药液20ml或50ml，结果率也达到95%~100%。该场认为：为了使菠萝更有把握地抽蕾，并保证处理株能在不太好的环境条件下达到抽蕾效果，其中以每株灌注100mg/kg浓度20ml的药液为好。

用萘乙酸灌心比用电石处理的抽蕾期要迟15~18天，故用萘乙酸催冬果，要提前在每年6月上中旬灌心，才能在11月下旬至12月上旬收果，即在灌后165天左右在霜冻之前收果，避开农忙季节。通常使用浓度为4×10^{-6}~40×10^{-6}，其中以15×10^{-6}~20×10^{-6}效果好。

表5-4　赤霉素（九二○）、萘乙酸、萘乙酸钠纯品稀释表

浓度（10^{-6}）	每克加水量（kg）
5	200
10	100
20	50
25	40
50	20
100	10
200	5

从以上几种催花药剂来看，乙烯利效果最好。经乙烯利催花的菠萝，25～28天抽蕾，抽蕾率达95%以上；电石催花，经27～35天抽蕾，抽蕾率达90%以上；萘乙酸或萘乙酸钠催花，经35天左右的时间抽蕾，抽蕾率达60%～65%，壮苗的抽蕾率也达到90%左右，但是近些年的经验认为，电石催花果梗短，品质好，果实酸度低，台农16号、17号要到年底采收果实必须用电石催花。

菠萝叶片中的气孔开放主要在夜晚，无论是哪种催花试剂，在夜晚或者一天的低温时期喷施更为有效，可以选择清晨或者旁晚，多云天气也可以，其主要考虑因素是这些时间点是菠萝气孔开放的时间，气孔开放，可以促进药剂的吸收。

附录1

目前，国际上浓度的最低国际单位是mg/L，对应人们以前说的mg/kg，也就是百万分之一及10^{-6}，10^{-6}是怎么一回事？它是如何计算出来的？10^{-6}是一种数量表示单位，即百分率，用量很小的百分率一般都采用10^{-6}来表示。例如：菠萝催花用乙烯利的浓度是400×10^{-6}即百万分之四百，这种浓度是指100万g水配纯的乙烯利400ml或400g的意思。其计算方法是：

$$原药用量 = \frac{配药用水量 \times 所配药剂浓度}{原药剂浓度}$$

例：要配400×10^{-6}乙烯利15kg，需要含量40%的乙烯利原药多少毫升？（计算时使用的单位：毫升或克）计算步骤方法如下：

15（kg）×1 000（每千克水毫升数）＝15 000ml（g）

40%原药等于1 000 000×百分浓度＝400 000$\times 10^{-6}$

代入，$原药用量 = \frac{15\,000 \times 400}{400\,000} = \frac{60}{4} = 15ml$

答：需用含量40%的乙烯利15ml。

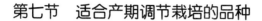

第七节　适合产期调节栽培的品种

理论上，只有高温的七八月比较难催花，催花时期必须夜晚等温度降下来才可以实施，其他月份则相对容易，但是，并不是温度越低越容易催出花。根据经验，10 月下旬催花的出花率会很差的，并不是任何品种都适宜春节前采收，有些品种会因为冬季的温度低，果实口感麻，所以，采果时间安排必须顾及到果实采收时期的温度。一般而言，菠萝从坐果到果实成熟需要一定时期的积温，一定时期的高温可以缩短果实发育的时间，对果实品质和口感有利。目前据台湾资料只有台农 13 号，也就是冬蜜适合在冬季采果。当然，在温度高的地区台农 17 号、金菠萝、维多利亚等早熟品种都能达到其品种的品质要求。依据多年经验表明，春季采收的果实可以依次选用巴厘、维多利亚、金菠萝、台农 11 号、台农 17 号，在保证品质的前提下可以适当的早采收。

第八节　产期调节催花的时间安排

菠萝的催花时间是可以依据采收期控制的。一般而言，从种植到采收需要 18 个月，但是，不同季节的催花，由于果实生长受到气温的影响，成熟所需要的时间和正常生长所需要的时间不同，往往要长久。由于催花时期由采收时期决定，比如，巴厘品种在海南岛 4 ~ 5 月催花，9 ~ 10 月采收；6 ~ 7 月催花，11 ~ 12 月采收；8 ~ 11 月催花，翌年 1 ~ 4 月采收。海南的产期调节菠萝，一般在 8 ~ 9 月催花，翌年 1 ~ 4 月收获，因此，在催花前先预计好上市时间。在海南，东部的万宁、琼海、文昌、定安主要采用巴厘，春季采果，台农 11 号和台农 17 号也有种植，但是，面积不大，比巴厘成熟晚，适宜东南部种植，春季采收；在海南的西部，乐东、东方、昌江主要采用台农 11 号、台农 17 号和金菠萝，在春季采收。西北部的澄迈主要采用台农 16 号，主要安排在秋季采收。

在育种时，杂交用的父母本菠萝品种经过催花开花时间一致比较方便。试验表明，乙烯利处理也可使无刺卡因、珍珠与台农 13 号 3 个品种花期相遇，台农 17 号、台农 19 号与台农 20 号花期相遇。在育种中，为了授粉方便，人工诱导使各品种花期相遇，无刺卡因、珍珠和台农 13 号应比巴厘提早催花 8 ~ 10 天，比台农 17 号和台农 19 号提早 6 ~ 9 天。沙拉瓦品种则比巴厘品种提早一个月时间进行催花。

第九节　符合催花的植株要求

用来催花的植株必须是健壮和发育良好的植株，其生产的果实有商品果实性能并且小苗可以用来种植，因为果实重量和催花时期植株的健壮与否相关。当然，也与此后果实发育时期的气候条件相关。在巴西，Perola 品种催花的要求是最长叶片（D 叶）长度不低于 1.0m，鲜重大于 80g，这样才可以结出超过 1.5kg 的果实；巴厘品种 33cm 长的绿叶数 30 ~ 35 片，单株重超过 1.5kg；沙拉瓦品种 40cm 长的绿叶应有 40 片，单株重则可超过 2kg。在生产实践中，主要从外观叶片多少而决定。植株叶片不够多者，也能催出花来，但果实小，商品价值低。由此可见，加强管理，促进植株良好生长，是促进催花成功的一项关键技术措施之一。不过作为盆景菠萝，则不需要叶片太多，24 片叶左右也可以抽蕾，根据盆景大小，决定催花植株高矮。

第十节　延迟开花技术

延迟开花是指适宜开花的推迟开花，没有达到开花要求的植株抑制其开花。正常情况下，菠萝常常在种植一年后达到生理成熟，并可以诱导菠萝开花。由于影响菠萝开花的因素较多，在施用催花药剂前常常会有5%~30%的菠萝提前"自然开花"，特定条件下可以达到70%。菠萝开花时间的不一致将严重打乱种植者的收获计划和市场供给，造成严重的经济损失。控制和阻止菠萝提前自然开花也是菠萝商业化种植中的另一个重要技术难题。要防止这种现象发生必须注意如下问题。

一、选择好定植时期及种苗

Trot等研究了种植时间和吸芽大小对菠萝生长发育的影响及其与开花时间的关系。结果表明，大吸芽（600~700g）种植的菠萝开花要提早1个月。在湛江，以"巴厘"为例，选择长15~20cm，150g以下的裔芽，在7~10月定植，几乎不会发生自然开花；若200~400g大芽在7~10月种植，自然开花率为10%~15%；500g以上的大芽，自然开花率为50%~70%。因此，种苗的选择很关键。以"金菠萝"为例，选择150g以下的吸芽，于10~12月定植，自然开花率为0.8%左右；300~500g的吸芽，自然开花率为3%~5%；若是种苗重量大于1000g，则自然开花率为35%~40%。

定植时期也很关键，通常上半年定植的菠萝苗自然开花率要比下半年定植的要高。选择好的定植时期，目的是为了让菠萝尽可能少地积累干物质，以降低对低温刺激的敏感性。在湛江地区以400g左右的"金菠萝"大吸芽为材料，进行了比较不同定植时期（4月，6月，8月，10月）菠萝植株生长状况、自然开花及结果情况的研究。结果表明，"金菠萝"大吸芽的定植时期影响其自然开花，4月和6月定植的自然开花率分别为95%和90%，8月为55%，10月为1%，4月和6月定植的所结果实重1kg以上，8月和10月定植的达不到商品果要求（10月定植的可以有效预防自然开花现象的发生，8月不适宜定植）。

二、品种的选择

在我国，可选择自然开花较少的巴厘、维多利亚、金菠萝等品种。台农系列的菠萝品种，如台农13号、台农16号、台农17号，容易产生自然开花（表5-5）；无刺卡因、perola等也容易自然开花。种植这几个品种时，为了防止自然开花，一定不要选用大苗种植，尽量选择小一点的裔芽，并安排在秋季定植。当前，已有学者正在通过转基因的方式来获得对低温条件下不产生乙烯的品种，从根本上解决菠萝自然开花的问题。Yuri Trusov已证实菠萝 ACC 合成酶（ACACS2）基因沉默会导致菠萝开花延迟，通过基因工程技术使 ACACS2 基因沉默可以成功地控制菠萝自然开花。

表5-5　台农系列品种正常栽培和产期调节栽培的适宜采收期（单位：月）

品种		适宜季节	产期调节栽培季节
学名	商品名		
台农4号	剥粒菠萝	6~7	3~5
台农6号	苹果	4~5	
台农11号	香水		5~6
台农13号	冬蜜	6~7	8~2
台农16号	甜蜜蜜	7~8	3~6
台农17号	金钻	6~8	3~5
台农18号	桂蜜	6~8	3~5
台农19号	蜜宝	6~7	4~7　10~11

三、采用植物生长调节剂抑制菠萝自然开花

外施乙烯或乙烯利能够诱导菠萝提早开花，菠萝开花前叶片基部的白色组织能够产生乙烯。施用 aminooxyacetic acid（AOA，氨基氧乙酸）、daminozide（丁酰肼）、silver thiosulfate（STS，硫代硫酸银，乙烯活化的抑制剂，抑制乙烯生物合成或乙烯生理活性）和 GA_3 都不能延迟或阻止菠萝自然开花，但施用 2 -（3 - chlorophenoxy）propionic acid［CPA，间氯苯氧，俗称坐果安、调果酸，为芳氧基链烷酸类植物生长调节剂；以 240 ~ 700g/hm$_2$ 作植物生长调节剂使用，增大菠萝（凤梨）果实。］、paclobutrazol（多效唑）和 uniconazole（烯效唑）却能发挥作用。Paclobutrazol 和 uniconazole 处理可以抑制菠萝叶片基部白色部分的生长、乙烯的生物合成和 ACC 氧化酶活性，这可能是多效唑和烯效唑延迟菠萝自然开花的主要原因；但关于 CPA 的作用机制目前仍不清楚。Aminoethoxyvinyl glycine（AVG，氨基乙氧基乙烯甘氨酸，艾维激素）处理明显抑制小花中 ACC 含量和乙烯释放量。Wang 等的研究证实，施用 AVG 可以推迟台农 17 号菠萝的自然开花时间，但推迟效果与施用次数和浓度有关；Min and Bartholomew 得出的不同结论可能与其施用的浓度小和次数少有关。关于 AVG 推迟台农 17 号菠萝自然开花的生理基础和对其他品种菠萝的影响，目前尚无进一步的报道。生产上，应用 15% 的多效唑在 150mg/L 下可以抑制菠萝开花，间隔 15d 喷 1 次，共喷 2 次，可以使"无刺卡因"的自然开花率降低至 5%。2000 年，夏威夷大学的研究者利用 500 ~ 625mg/kg 的（S）-反 -2 -氨基 -4 -（2 -氨基乙氧基）-3 -丁烯酸盐酸盐处理菠萝植株抑制自然开花也有一定的效果。

第六章　菠萝生理病害

第一节　日灼病

日灼病是一种生理性病害。有些地区的菠萝日灼伤果率高达50%，日灼面的果皮褐变，果肉发育不致密，丧失商品价值。

一、病症及发生规律

6～8月，田间的光照度更强，这段时期菠萝青果正处于迅速发育成熟阶段，摘除冠芽后果实的荫蔽度有所降低，受烈日直射的部位易被灼伤，灼伤部分的果皮出现褐色疤痕，果肉风味变劣；由于局部组织坏死，果实水分散失加快，极易成空心废果，或因继发性微生物、病菌侵染而腐烂。卡因种菠萝果皮较薄，易遭日灼，台农16号等易倒伏的品种也易遭日灼，如不注意护果，将造成严重损失。

二、防治方法

建议一般不除冠芽，如果个别品种冠芽过长过大，采用生理方法抑制其冠芽生长。但如遇有些品种植株容易倒伏，果实受晒面积加大时，就须行间拉绳防止植株倒伏，并提前覆盖或者套袋护果。护果的方法有以下几种。

（一）束叶法

用麻皮或塑料带束叶，将果遮护。束叶时，不要束得太紧太密，以既可蔽日又利于通风为宜。向西一面的叶片密一些，其他方向的可以疏一些。无刺卡因类品种用此法较好。

（二）套袋

采用稻草拧成小圈保护果实肩部或者果实套上牛皮袋、废旧的报纸或者白色无纺布套袋，可以有效的防日灼。

第二节 裂柄、裂果病

属于新型的生理病害。据报道，目前，裂柄主要发生在皇后类的菠萝上，在我国主要表现在"台农 17 号"（金钻菠萝）上，"卡因"和"红西班牙"上没有出现过，而裂果主要出现在卡因类的果实上。

裂柄分为水平开裂和垂直开裂两种方式，最初表现为水平开裂，在圆锥花序的花柄发育到 1～2cm 时期就出现这个症状，与正常果实比较，裂柄的果实表现为果实小且向一边扭曲生长。这种病害在土壤酸度 pH 值为 4.0～4.5 时明显增加，严重情况下出现果实果眼和冠芽生理危害症状，如果眼开裂、冠芽焦枯等。产期调节催花下这种现象比较多，而自然花比较少，这种现象与发生之前的施肥及铜元素的缺乏密切相关，也有果农报告与硼缺乏相关。目前，台湾提倡在花序露红时期使用其生产的凤梨宝可以防止此类现象的产生，作用比较明显。但是，凤梨宝的成分尚不得而知，有报道认为与缺铜有关。

果心开裂发生的原因多与温度及水分管理有关，防治上宜采用果实留冠芽和避免直接日晒，喷施钙、镁、硼与微量元素，并注意灌水时期、预防风害等措施。

第三节 水心果

水心果属于新型的生理病害。切开后，果肉剖面呈现水浸状的果实为水心果；用手指轻弹回音浑浊不清的果实为肉声果。这两类果实在皇后类果实中比较少，而在卡因及其杂交种中比较多，如"台农 11 号""台农 16 号"尤其为多，与果肉的半透明相关，但与产果季节及其果实施肥管理关系更为明显。一般来说夏季更多此类果实，商品性能差，皇后类的维多利亚品种有时候也有这种果实产生。有研究表明，果实坐果后施用钾宝等钾肥含量高的复合肥料后，比较少出现这类现象。

第四节　寒害、冻害

菠萝喜温怕霜冻，低于 5℃ 以下的低温连续 7 天，最终温度为 1℃ 以下，菠萝植株及叶片均受严重冻害，叶和株心有结冰现象，受害叶片像被开水烫伤状，失去膨压，叶片大部分干枯死亡，部分生长点冻坏，心叶腐烂，果实受冻黑心、变质腐烂。

0℃ 或 0℃ 以下的低温、霜害使叶片受害似烫伤，2 ~ 3 天失水干枯，轻霜只是叶尖和叶片出现白斑，重霜则使受害部位坏死。连续低温阴雨也能使菠萝造成寒害，在 1 ~ 2 月日平均气温小于 8℃ 时，阴雨持续 3 天以上，持续积寒大于 10℃，即产生寒害，菠萝生长点和心叶基部、花蕾或幼果受害腐烂或停止生长。

防治方法：

（1）选择最低月平均气温大于 13℃、极端最低气温大于 2℃、历年平流寒害的积寒小于 10℃ 的地区种植菠萝，并选择坐北朝南不沉积冷空气的地段栽培。

（2）采取适当密植、增施钾肥、越冬前重施有机肥与重培土、覆盖、冷天放烟防雾等栽培措施以减轻寒害。

第五节　其他缺素症

一、黄化

土壤含钙、锰过高，pH 值大于 7，呈碱性土壤，常出现缺铁黄化；叶片变黄，下垂，逐渐枯死。可用 1% 硫磺粉加 2% 硫酸亚铁水溶液喷叶，2 ~ 3 周/次。

二、绿萎

因缺铜而病株叶色淡绿、叶质薄而窄、直立，叶片无白粉而呈现绿色斑，叶心短而窄，叶面无红色，最后死去。可隔月喷波尔多液 1 次，连喷 3 次。

三、缺硼

心叶畸形有缺刻，植株停长，顶部枯死，果实子房结合不良形成的伤口易受青霉侵染而使果实腐烂。可用 0.2% 硼砂溶液喷叶。

四、缺镁

老叶边缘出现浅黄色斑点，砂土和强酸性土缺镁严重，是限制产量的因素。可土壤施入石灰、硫酸镁或叶面喷施 0.2% 硫酸镁。

第七章　菠萝病虫害的防治

相对于香蕉、芒果等热带果树，菠萝病虫害发生种类不多。但是，有些病害的发生也危害严重，给菠萝产业造成一定的损失。

据报道，近年来，世界上对菠萝造成严重为害的病虫害主要有凋萎病、黑腐病、心腐病、线虫病、粉蚧类以及蟋蟀、蛴螬类等。近年来，菠萝粉蚧和菠萝凋萎病为害有逐年加重的趋势，同时，发现菠萝灰白粉蚧给我国剑麻和菠萝造成了严重危害，加上不断从国外引进新品种，菠萝种苗来往的日益频繁，菠萝产业面临一些新的病虫害危害的风险，病虫害管理问题显得异常严峻。

第一节　主要病害的防治

一、菠萝凋萎病

又称菠萝根腐病、粉蚧凋萎病、"菠萝瘟"，是一种常见的危险病害，在我国和世界菠萝产区均有发生。在国外，有些地区的卡因种菠萝园，因凋萎病产量损失率高达50%～90%，是菠萝生产上的一大障碍。

（一）病症及发生规律

本病多在高温干旱和低温阴雨天气发生，海南多发生在11月至翌年2月。土质黏重、积水和土壤冲刷严重，根系裸露的地方容易出现凋萎植株。发病初期，叶片从叶尖开始由绿色变成红黄色，失去光泽，失水皱缩，叶尖干枯，叶缘向下卷缩；根群开始停止生长，继而衰弱，吸收养分、水分能力差；最后叶片凋枯死亡；部分病株嫩茎和心叶腐烂。

在炎热、干旱时，叶片从红黄色变成赤色、失去光泽、皱缩内卷、叶尖干枯。根部开始腐烂时，植株生长停止、果实萎缩干结、全株枯萎，成为急性凋萎。植株生长旺盛的比生长缓慢而弱的发病快且早。在心叶出现腐烂时，剖开病茎，可看到维管束变黑，茎部有水渍状坏死斑块，一些尚健壮的病株或发病较轻的病株，在干旱季节的阵雨影响下，靠近地面的茎部会长出纤弱的须根，地上部会抽出细小的叶片，出现暂时恢复现象。其后，又继而出现早期病症，随着病势的加重，粗根和细根全部腐烂，直至全株枯死。受害的结果株果实着色差、汁少味淡、有刺舌辣味，失去食用价值。病株侧根和细根少；茎的木质部变为黑褐色；韧皮部皱缩，失去膨压，用力拉时易脱离。

因菠萝品种不同，凋萎病的感染程度也不同。新开荒地比宿根菠萝、熟地菠萝抗病；卡因种抗病力弱，易感染此病害；巴厘比沙捞越抗病；红西班牙和皇后类均对此病抵抗力较强。

(二) 病原

病因尚未清楚，有人认为是粉蚧刺吸为害所致，有人认为是病毒为害造成，也有人认为是某些真菌，特别是镰刀菌类为害所致，更有人认为排水不良，土壤水分过多导致根腐烂，或过度干旱根系大部分旱死所致。其中，较多人认为，是由粉蚧刺吸为害，并同时传播病毒所致。

(三) 防治方法

1. 选用无病虫原种苗，不从病园引进种苗，以防种苗带病。若从有病菠萝园引进种苗，应进行株选，千万不要从病株上取苗。为安全起见，应用药液浸种苗根茎部2min，稍微晾干后定植。浸苗用药剂有：40%乐果乳油和80%敌敌畏乳油（0.5：0.5：1 000）混合液也可用800倍50%马拉松乳油液。

2. 选种抗病虫害品种。金菠萝、香水菠萝、巴厘品种比较抗该病。

3. 消灭粉介壳虫和蚂蚁。加强果园管理，增施有机肥，防止积水；培土不让水土流失，造成根系裸露。

4. 深耕改土，增施有机肥料，改善土壤团粒结构。合理密植，提高植株抗凋萎病的能力。

5. 在倾斜地种植菠萝时应采用沟种，在平地和排水不良地块种植时应采用高畦。雨季要及时排水。

6. 封闭病区，集中烧毁病株，杜绝病原。

7. 对轻病区用 50% 可湿性托布津 300～500 倍液加 2% 尿素液喷洒，可使黄叶转绿。应及时选用上述药液加 50% 甲基托布津可湿性粉剂 400 倍和 1%～2% 尿素混合喷洒，可促进叶片转绿，也兼防治其他害虫。

二、菠萝拟茎点霉叶斑病

菠萝拟茎点霉叶斑病有很多种类，受害叶片表现为斑点、斑块，甚至全株枯死，减少光合作用面积，降低光合作用效能，使植株生长衰弱，影响产量。

（一）病症及发生规律

主要为害菠萝的中下部叶片，在苗期、大苗期均可受害。病斑在叶面和叶背都可以见到，初期淡黄色、绿豆大小斑点，条件适宜时斑点扩大，中央变褐色、下陷，后期病斑圆形或长椭圆形，常相连，边缘深褐色，有黄色晕斑，中央灰白色，上生黑色刺状小点，即病原真菌的分生孢子盘。

（二）病原

病原为凤梨拟茎点霉（*Phomopsis ananassae* Xiang et P. K. Chi）。分生孢子器点状，单生或合生，埋于表皮下，黑褐色，球形或不规则形。A 型分生孢子无色、单胞，纺锤形或椭圆形，具有两个油球；B 型分生孢子无色、单胞、线状、弯曲引起。

（三）防治方法

1. 合理平衡施肥

增施磷钾肥，不过量施用氮肥，使植株生长强壮，增强植株抗性。

2. 加强田间巡查

发现病害普遍发生时使用药剂防治，发病初期喷 0.5%～0.1%等量式波尔多液，若病情有加重趋势，则用 250g/L 吡唑醚菌酯乳油 1 500 倍液、25% 嘧菌脂悬浮剂 1 500 倍液、18.7% 丙环·嘧菌酯悬浮剂 2 000 倍液、32.5% 嘧菌脂·醚甲环唑悬浮剂 1 500 倍液、10% 苯醚甲环唑水分散粒剂 1 000 倍液喷施。

3. 加强管理

主要通过改善土壤，增施有机肥、喷微肥等办法解决。

4. 雨后及时排水避免积水

三、菠萝灰斑病

（一）病症及发生规律

主要为害中下部叶片，苗期和成株期均可受害。发病初期叶面着生褪绿病斑，扩展后病斑为椭圆形或长椭圆形、褐色；病斑叶两面生淡黄色绿豆大小的斑点，条件适宜时扩大，中央变褐并不下陷。后期病斑椭圆形或长椭圆形，常愈合，边缘深褐色，有黄色晕环，中央灰白色，大小为（3～10）mm×（5～9）mm，上生黑色刺毛状小点，即病菌的分生孢子盘。基部子座中等发达，由多角形细胞组织构成，细胞壁薄，浅褐色或近无色。斑缘外有黄色晕圈；病斑常汇合成片，导致叶片枯黄。

病菌能在田间病株和病田土壤中存活和越冬。带菌的种苗是此病的主要来源，含菌土壤和其他寄主植物也能侵染菌源。田间传播主要借助风雨和流水。寄生疫霉和棕榈疫霉主要从植株根茎交界处的幼嫩组织侵入叶轴而引起心腐；樟疫霉由根尖侵入，经过根系到达茎部，引起根腐和心腐。在高湿条件下从病部产生孢子囊和活动孢子，借助风雨溅散和流水传播，使病害在田间迅速蔓延。高温多雨有利发病。雨天定植的田块发病严重。使用病苗、连作、土壤黏重或排水不良的田块一般发病早且较严重。

（二）病原

由一种刺环裂壳孢（*Annellolacinia dinemasporioides*）引起，属半知菌亚门真菌。分生孢子盘圆形或椭圆形，杯状，黑色，刺毛状；刚毛简单，锥形，无分隔或基部有一个分隔。分生孢子梗淡蓝色，分枝或不分枝，圆筒状，直或弯曲，有分隔。分生孢子芽殖式产生，纺锤形或者椭圆形，顶端尖，基部平，稍弯曲，单胞，淡褐色，壁光滑，有 1～3 个油球，多为 2 个，两端各有一根管状附属丝，附属丝不分枝，弯曲。

（三）防治方法

1. 加强栽培管理

做好果园排灌，合理施肥，不偏施氮肥。

2. 栽培技术防病

及时剪除发病部位；滴灌或地面喷水降温；及时通风除湿，叶片上不要有水滴存在。

3. 发病初期喷药

发病喷药或上盆后喷一遍杀菌剂。常用药剂有 50% 甲基硫菌灵·硫磺悬浮液 800 倍液、25% 苯菌灵·环己锌乳油 700～800 倍液、50% 杀菌王水溶性粉剂 1 000 倍液等。10 天左右 1 次。

四、菠萝心腐病

也称烂心病、心枯病等，是亚热带菠萝栽培边缘地带的主要病害之一。常见于定植后不久的菠萝园，金菠萝品种发病率高。一旦发生该病，蔓延迅速，造成较大损失。心腐病主要为害幼苗，但在生长期和结果期也有发生。

（一）病症及发生规律

叶片发病初期无光泽，色泽暗淡，随着病情发展，逐渐变为黄绿或红绿色，叶尖干枯变褐，叶基部出现淡褐色水渍状病斑，后期腐烂，组织软化成奶酪状；根系腐烂褐变，失去吸水能力，茎部腐烂发出臭味，直至全株死亡。在高温多雨的季节易发生心腐病，特别是5~6月和8~9月进行定植，往往发病较重。土质黏重或排水不良，容易渍水的园圃一般发病较重。心腐病的两种病原真菌可以在土壤中越冬，而病原细菌可由带菌昆虫从别处传染过来。病原菌从植株根茎交界处（根颈部位）幼嫩部侵入，引致发病，病部产生的病菌借雨水溅射而传播，进行重复侵染，病害得以蔓延扩大。

（二）病原

一般认为有三种病原菌。两种病原真菌，即疫霉菌属（*Phytophthora* sp）和腐霉菌属（*Pythium* sp），一种病原细菌，即欧氏杆菌属（*Erwinia* sp）。

（三）防治方法

1. 种苗应来自无病区，选用健壮种苗，并剥去种苗基部枯黄叶片，用50%多菌灵可湿性粉剂1 000倍液或甲霜灵800倍液浸苗基部10min，倒置晾干处理后再行定植，种植时应清除芽里的泥土，不能深种，在病区宜选择晴朗天气定植。

2. 搞好园地备耕，并建设排水系统，雨季及时排水，避免雨后园地积水。

3. 加强栽培管理。中耕除草时，尽量避免损伤植株基部。加强田间巡查，发现病苗要及时拔除烧毁，病穴经翻晒和用石灰或药剂消毒后再补苗。用 2 亿/克复合菌微生物菌剂水剂 300 倍液加 10%氨基酸·几丁酶营养液（霖田）300 倍液叶面喷施 3~4 次，提高植株抗性。

4. 合理施肥，不偏施氮肥。

5. 发病初期，及时施药防治。可用 18.7%烯酰·吡唑酯水分散粒剂 800 倍液、70%甲基托布津可湿性粉剂、50%烯酰吗啉可湿性粉剂 1 500 倍液喷雾，52.5%噁唑菌酮·霜脲氰水分散粒剂 1 500 倍液、40%灭病威胶悬剂 200 倍液、73%霜脲氰·代森锰锌可湿性粉剂 500 倍液、40%乙磷铝可湿性粉剂 250 倍液喷雾，喷雾量要增加，保证基部的茎叶有药液，防治效果才好。

五、菠萝黑心病

菠萝黑心病，又称小果心腐病、果目病，是菠萝主产区常见的病害，金菠萝品种发病率高。黑心病是广东、广西、福建和海南等菠萝产区广泛流行的一种病害，绿果和成熟果实均受害。轻则果实品质下降，重则失去鲜食和加工价值。海南省自 1996 年以来，该病害有增多的趋势，以致影响产品的销售，已引起农民的担忧和省政府的重视。在福建厦门，菠萝冬果曾遭黑心病危害达 50%以上，金菠萝此病为害严重。

（一）病症及发生规律

秋、冬季生产的果实，在绿果期或成熟期都可能发病受害，而春、夏季成熟的果实却很少受害。多数发生在果实后熟期，果心先变黑而后腐烂，存放时间长果肉也腐烂。由于发生在后熟期，多数在销地发生，在产地存放后熟的果实也同样出现。受害的小果果肉变褐色至黑褐色，有时也有半个果或全果受害的。有研究表明病菌在花期从蜜腺导管侵入后，使蜜腺壁变色，进而使小果果心腐败，形成半透明蓝色或淡褐色水渍状斑点，而后渐次变为褐色或黑褐色。如正切果面，可见腐败的部分呈圆形或三角形的褐腐斑病，如作纵切，则腐败部分果心内部延长，成为纺锤形水渍状褐色病斑，只是果皮由青绿色变成暗绿色，失去光泽，似热水烫伤状，果实重量减轻。用手指弹敲果实有水响声，果肉腐烂，肉质变味，果实越大发病率越高。在贮藏中，特别是贮藏后期果实生理衰退时，靠近果心的果肉出现褐色至深褐色的病变，也叫黑心病，但找不到病原菌。

据调查分析，其主要原因有：

1. 开花期遇低温阴雨，病菌随雨水进入小花危害，造成小果受害成褐色或黑褐色。正造菠萝开花时少碰到这种天气。

2. 使用萘乙酸、"九二〇"喷果壮果不当有关。萘乙酸是一种高效的刺激剂、比"九二〇"壮果效果更显著，一般只使用一次而不允许超量，如喷次数多而且超浓度，则容易引起果实细胞壁变薄，肉质结构变软而引起黑心。

3. 菠萝园缺少有机肥作基肥，土壤酸度过大，果实发育后期偏施氮肥。

4. 采用乙烯利催熟时过早或者浓度过大，应于果实七成熟时催熟，过早或过迟都可能造成黑心病发生。

5. 运输途中处理不当。海南温度高，销地温度低，客商在运输中进行防寒处理，火车中常用草帘保温，盖得过厚，果实发热引起烂心。

黑心病有两种病症，一种是干斑点的界限分明，整个病斑披上一层白色菌丝，这种病斑仅在过度成熟的果实上扩大，常使果实的心皮变为褐色，另一种是湿斑。干斑和湿斑的发生，主要受气候影响所致。干斑发生在旱季，湿斑多出现在雨季。

病情发展过程可分 4 个阶段。

（1）只见到半透明小斑，斑点最大为 4mm×5mm，此时并不影响果实品质和加工。

（2）发展成为浅褐色。

（3）变为暗褐色。一般大小不超过果目。

（4）病斑由褐色变黑色，超出果目，并使果目周围开始变质。

在广西南宁市，此病多在 11 月中下旬到 12 月上中旬发生；在福建厦门，一般于 11 月上旬到翌年 2 月中下旬发病。在整个结果期，如气温干旱或水分过多则发病重；砂质土壤上的菠萝比土壤上的发病严重，地势低洼处的植株，比坡地上的发病严重。发病率高低与果肉的 pH 值高低有关。果肉 pH 值为 3.6~3.8 时，发生黑心病较多；pH 值为 3.8~4.5 时，则发生黑心病较少。因此，增施硫酸钾，提高果汁 pH 值，使果实出现糖高酸低情况，菠萝就很少出现黑心的现象。

（二）病原

该病的病原目前尚不十分明确，国内外多数学者研究认为菠萝黑心病是菠萝果实在 22~25℃ 以下低温引起的冷害所造成的一种生理失调病，也有人认为菠萝黑心病是花期感染病原物所致的一种潜伏性病害。据大量实验测定，病菌的病原菌 45% 是青霉菌类，24% 为镰刀菌，13% 为两者共同危害，18% 是其他菌类所引起。

（三）防治方法

1. 选择抗病菠萝品种，如香水菠萝、巴厘菠萝。

2. 改善栽培条件，做到排水良好，合理密植，科学用肥，施足有机肥，注意施钾肥和钙、镁、磷肥。

3. 改变结果时期。在病区应以夏果、春果生产为主。

4. 花期喷施苯菌灵 800~1 000 倍液、涕必灵或敌菌丹液，保护发育中的花序，使大田基本上没有此病害的发生。

5. 严格控制使用"九二〇"和萘乙酸催果时的使用浓度和次数。以 75 单位"九二〇"和 200 单位萘乙酸混合使用效果好。果实生长期间不得使用超过 2 次，品牌生产不使用这些促进果实膨大最佳。

6. 适时采收加工，运用冷藏合理运输。

7. 在贮藏前用 32～38℃ 干热处理 24h，可减少该病发生。

六、菠萝黑腐病

菠萝黑腐病，又称软腐病、菠萝基腐病，是菠萝在田间和贮藏中的重要病害，菠萝腐烂后失去食用价值。黑腐病属真菌性病害，多发生于成熟的果实，它除了为害果实，也为害幼苗和叶片。发病率高达 30%～40%，我国广东、广西、福建、台湾等地有发生。

（一）病症及发生规律

菠萝黑腐病在菠萝的果实、茎、叶等不同部位侵染所表现的症状有所不同。

1. 果腐未成熟果和成熟果均有受害，但多发生于成熟果。通常田间症状不明显，但收获后堆放期间果实则迅速腐烂。该病从受伤的小果（果眼）、果柄或者果实顶芽的伤口或切口侵入，感染初期常呈"V"字形，先沿果心纵向扩展，呈深褐色，不易软化，然后横向果肉迅速软腐、变黑。从小果伤口侵入，表面呈暗色水渍状软斑，病间界限初期不明显。当果肉受侵染后，病部稍呈内陷状，果肉组织开始被分解，并迅速软腐，变为黑色，大量分解的汁液从病部外溢，而且散发出特殊刺鼻的酒精气味。在果肉受害后，病间界限较明显。

2. 病菌可侵害幼苗，使刚定植的幼苗发生基腐、苗腐，为害其基部叶片及根变黑腐烂，后期柔软组织败坏，仅余下纤维组织，极易被踢倒。病菌还能危害茎顶部及嫩叶基部，引起心腐。不论是基腐还是心腐，病部都变成黑色，发出香味。

3. 为害叶片，使其出现叶斑。初期病斑为褐色小点，在潮湿条件下迅速扩大成长达数厘米长的不规则黑褐色水渍斑块，上面生灰白色霉层（即为病菌的分生孢子梗和孢子），在干旱条件下病斑转变为草黄色，纸状、边缘黑褐色的病斑，严重时叶片枯萎。或者从摘除冠芽、裔芽伤口处侵入，侵入嫩叶基部引起心腐病，该病在温暖潮湿的季节发病尤为严重。在雨天打顶（除冠芽），或摘除冠芽过迟、伤口过大、难以愈合时，果实较多发病。低温霜冻期间，受害果实也易发病；采收贮藏运输期间，机械伤口多，发病也多。

（二）病原

该病由真菌奇异根串球霉引起。病原菌以菌丝体或厚垣孢子潜伏于土壤或病组织中越冬。厚垣孢子在土壤中可存活 4 年之久。菌体可借雨水溅射或气流、昆虫传播，遇寄主、条件又适宜时，即萌发芽管，从伤口侵染，引起发病。病菌在果实采后堆放、运输与贮藏期间，可通过接触传染和蔓延危害。

（三）防治方法

1. 选用壮苗，定植前处理伤口，应经 7～10 天的阴干，先晾干后再植，并注意菠萝园的排水。发病较严重的果园重种时种苗应使用杀菌剂浸泡后晾干，并选晴天种植，发现病株及时拔除，同时使用杀菌剂保护邻近植株。

2. 选择适宜的时间去除顶芽和托芽，去除顶芽时间应保证采收时伤口已愈合，宜选择在晴天进行，以利于伤口愈合，减少病菌侵染。在湿度较高的地区或季节，应在顶芽去除时及时喷杀菌剂保护伤口，为防止感染，可采用25%多菌灵可湿性粉剂，对水800 倍，用以涂抹伤口，防止病菌感染。

3. 菠萝采收宜在晴天露水干后进行，或者阴天采收，切忌雨天采收。采收时，可用刀切割，果柄留 2～3cm 长，果柄伤口需平滑。采后的选果、分级、包装和保鲜处理等操作，要尽量做到轻拿轻放，避免和减少采收、贮运过程中的机械伤，减少病菌入侵机会。贮运期间一旦发现病果，应马上清理。

4. 对远途运输的果实，采后宜使用杀菌剂处理，果实经处理后，用硬纸板箱或木箱装载。贮藏库须先打扫干净并消毒。贮藏中要注意仓库的通风和降温。贮运中，夏天应注意通风降温，冬天须注意防寒保温。

5. 药剂防治。用 70% 甲基硫菌灵可湿性粉剂 800～1 000 倍液、50% 多菌灵可湿性粉剂 500～100 倍液、50% 咪鲜胺锰盐可湿性粉剂 1 000～2 000 倍液喷施。

七、菠萝线虫病

线虫是菠萝的重要病原之一，菠萝线虫的防治是目前生产中急待解决的问题。Cobb 在 19 世纪初最早研究了夏威夷菠萝线虫的问题。目前，菠萝的主要线虫包括草莓芽线虫 *Aphelenchoidess fragariae*、南方根结线虫 *Meloidogyne incognita*、爪哇根结线虫 *M. javanica*、肾状线虫 *Rotylenchulus reniformis*、短尾根腐线虫 *Pratylenchus brachyurus* 和玉米根腐线虫 *P. zeae* 和轮线虫 *Criconemoides informis* 等 11 属 20 多种线虫。但它们当中的一些线虫对菠萝的产量没有明显影响。据国外研究，对菠萝有明显产量影响的病原线虫主要为根结线虫 *Meloidogyne* spp、短尾根腐线虫 *Pratylenchus brachyurus* 和肾状线虫 *Rotylenchulus reniformis*。线虫侵染菠萝可导致 42%～100% 的产量损失，国际线虫损失评估机构认为可导致菠萝平均 13.7% 的产量损失。美国夏威夷报道主要病原线虫是肾状线虫和爪哇根结线虫，前者可致第一季菠萝产量的 40% 损失，并造成随后宿根水果 80～100% 的损失；巴西发现根腐线虫 *Pratylenchus brachyurus* 为害最严重，南非则认为根腐线虫 *Pratylenchus brachyurus* 和爪哇根结线虫更甚，澳大利亚认为是爪哇根结线虫。受肾状线虫侵染后，菠萝根系减少、叶黄化、植株矮化、减产、植株寿命缩短。据调查，肾状线虫田间种群密度极高，一般可达 5 000 条/250m³ 以上。根结线虫为害后，则可在根部形成肿瘤或根结的特异症状，严重影响水分和养分的吸收，并可与真菌病害形成复合病害。

2008年以来，对广东、广西和海南菠萝进行线虫病害调查，采集250个线虫样品，对所采集的样品进行分离和鉴定，根据形态特征初步鉴定出植物寄生线虫10属，包括南方根结线虫 *Meloidogyneincognita*、肾形肾状线虫 *Rotylenchulusreniformis*、根腐线虫 *Pratylenchus* spp、垫刃线虫 *Tylenchus* spp、矮化线虫 *Tylenchorhynchus* spp、螺旋线虫 *Helicotylenchus* spp、盾线虫 *Scutellonema* spp. 和纽带线虫 *Hoplolaimus* spp、轮线虫 *Criconemoides* spp、长针线虫 *Longidorus* spp，其中定到种的线虫为两种，即南方根结线虫和肾形肾状线虫。

（一）病症

根线虫寄生在根皮与中柱之间，吮吸养分，并使根组织过度生长，根部肿大或形成大小不等的根瘤。根瘤大多数发生在细根上，感染严重时，根瘤又可产生次生根瘤，使根系盘结成块状根团，根的吸收功能受损，最后老根瘤腐烂，病根坏死。由于根群受损，叶片缺乏水分养分供应，逐渐变成红紫色，软化下垂，植株生长衰弱，失去生产效能，甚至枯死。

（二）发生规律

病原菠萝线虫有20多种，如根结线虫、肾状线虫、腐败线虫等，主要以卵及雌虫越冬。当外界条件合适时，卵在卵囊内发育，孵化成一龄幼虫仍藏在卵内，蜕皮后破卵而出，成二龄侵染幼虫，活动于土中。二龄幼虫侵入菠萝嫩根，在根皮与中柱之间为害，使根尖形成不规则根瘤。雌雄虫成熟交尾后，雌虫产卵，将卵聚集在雌虫后端的胶质卵囊中。根线虫病的主要侵染源是带有根线虫的土壤和病根。病根是本病远近距离传播的主要途径，水流也是近距离传播的重要媒介，带有根线虫的肥料、农具以及人畜，也可以传播此病。有的不形成根瘤的根线虫，也危害菠萝的根。

（三）防治方法

1. 实行检疫，不能将带有线虫病根的植株移植到无病区，不在根线虫病区采购种苗，尽量避免病区的人、畜和农具进入无病区。

2. 避免在有根线虫为害的地区或地段，开辟新菠萝园及发展菠萝生产。如需在带有病原线虫的土地上种植菠萝，则要在晴朗天气反复犁耙翻晒土壤，以杀灭根线虫。有试验证明，10cm 厚的土壤层在阳光上直射 30min，将使各龄线虫全部死亡。在定植前应用药剂对土壤进行消毒，具体做法是：犁耙平整土地后，按沟距 30cm，沟深 15cm 的标准，开挖条沟，均匀淋施 80% 的二溴氯丙烷 150 倍液。施药后，覆土踏实，可杀灭大部分根线虫，但很难把它彻底消灭。

3. 对已发生根线虫为害的菠萝园，可以适当增施牛粪等有机质肥料，促发新根，加强肥水管理，增强树势，以减轻根线虫的危害程度。此外，还可以在行间犁沟淋施 80% 二溴氯丙烷 250 倍液，杀灭根线虫，其操作方法与进行土壤消毒时相同，采用这种方法的主要目的是保护生产周期内能获得尽可能多的收成，减少生产的损失。

第二节 主要虫害的防治

一、菠萝粉蚧

2009—2010 年，在广东、海南和广西菠萝主要产地进行调查发现，为害菠萝的主要害虫有菠萝粉蚧 *Dysmicoccus brevipes* 和菠萝灰白粉蚧 *Dysmicoccus neobrevipes*，后者是新入侵的害虫。这两种害虫是当前我国菠萝产区的最重要害虫，发生普遍又严重。属于半翅目 Hemiptera、蚧总科 Coccoidea、粉蚧科 Pseudococcidae，是菠萝和香蕉等热带亚热带作物的重要害虫。菠萝粉蚧的寄主有菠萝、香蕉、番荔枝、柑橘、咖啡等，粉蚧壳虫群聚于根、茎、叶、果缝隙处和根系处，吸食汁液为害。在菠萝产区均有发生，在非洲、澳大利亚、中美和南美洲、印度和太平洋地区等菠萝产区均有分布，是菠萝常见和为害严重的害虫，其中，以美国夏威夷、佛罗里达等地区发生严重。近几年，我国菠萝产区危害也相当严重，海南终年可见，受害严重的地方受害率达50%以上。

菠萝粉蚧与菠萝灰白粉蚧外部形态非常相似，主要区别在于后肛环前无成丛背毛、尾瓣腹面硬化区呈长方形。两者在生物学方面也有所不同。

（1）两者在寄主范围上有差别，前者可寄生甘蔗等作物，但后者还未发现能在甘蔗等作物上危害。

（2）两者在为害部位上有所不同，前者几乎在根冠或茎基部危害，而后者则在植株上位叶、轮生叶及发育中的果实危害。

（3）两者在生殖方式上有差别，前者主要行孤雌生殖，偶尔行两性生殖，而后者主要行两性生殖。

（一）为害症状

若虫和雌成虫为害菠萝心叶、茎、果实、根系以及芽鞘等，或潜入寄主体的缝隙凹陷处吮吸液汁。菠萝较软而多汁部分，有利于本虫生活，故卡因种比其他品种受害严重。被害叶片褪色变黄，乃至成为红紫色，严重时叶片全部变色，软化下垂，甚至枯萎。被害根变黑色，组织腐烂，丧失吸收功能，致使植株生长衰弱甚至枯萎。被害的果实轻者生长不良，果皮失去光泽，品质下降，重者果实萎缩。此虫还能排泄蜜汁，能诱发霉烟病，同时为蚂蚁所嗜好，因而招致蚂蚁驱走天敌，搬运粉蚧虫体，使此病更易传播。调查发现，菠萝被害严重时，常常出现菠萝凋萎病（已检测到病原），而被害较轻或未受害的植株，没有发现菠萝凋萎病。

（二）形态特征

雌成虫体椭圆形，长 2～3mm，为桃红色或灰色，大部分为桃红色，体表被盖白色蜡粉。体缘有放射状的白色腊丝，其中腹端的一对腊丝较长，约为体长的1/4。雌成虫产卵时，腹末附有白色绵状腊丝。雄成虫体很小，黄褐色，有一对无色透明的前翅，腹端有一对细长的蜡质物。卵椭圆形，长 0.35～0.38mm，初为黄色，后变为黄褐色，2～12 粒相聚成块。其上混杂有雌虫分泌的白色腊质物，成为不规则的绵状，轻附于寄主植物上。若虫形似雌成虫，有触角和足，但体较小。雄蛹外形与雄成虫略相似，有触角、翅、足的芽体露于体外。蛹处于丝状蜡质物形成的茧中。茧形不规则，多为长形，附着于寄主植物上。

（三）发生规律

在华南地区一年可发生 7～8 代，在菠萝整个生长期和贮藏期间都有发生。5～9 月为主要为害时期。菠萝粉蚧在海南 4～10 月为主要为害期，若虫和成虫常群集于叶与茎交界处，果实上在小果之间的凹下处为害。夏季，一个世代期约 40 天。此虫基本为孤雌生殖，以胎生为主，少数为卵生。园地荫蔽，地势低洼潮湿，对粉蚧繁殖有利。菠萝粉蚧壳虫种群发生数量与寄主的生长状况及降雨情况有密切关系。植株生长健壮，汁液充足，害虫的卵巢发育快，产卵多；降水量多会影响其繁殖力，暴雨影响粉蚧的繁殖，尤其对若虫有冲刷作用。大雨时叶片基部积留雨水，在此处寄生的粉蚧如淹没水中，三天后虽未全部死亡，但在水中不能胎生若虫，露出水面后其繁殖能力也衰退。此外，蚁类对粉蚧的发生起了有利作用，蚂蚁在取食粉蚧壳虫蜜露的同时，也无形中帮助粉蚧壳虫的扩散传播。卡因类皮薄多汁，比皇后类受害严重。

（四）防治方法

1. 园地开垦时清除野生杂草及灌木。

2. 选用抗虫性品种。在品种方面，叶缘有刺的巴厘比无刺品种上的粉蚧少，受害轻。

3. 在定植前用 50% 乐果乳油 500 倍液浸渍苗基部 10min 或用 12.5% 增效喹硫磷 750～1 000 倍液，或 10% 氧乐氯氰乳油 2 000 倍液，或 20% 高效顺反氯马乳油 3 000～4 000 倍液，或 44% 多虫清乳油 1 000～1 500 倍液，或 10% 吡虫啉可湿粉 1 000～1 500 倍液浸渍苗基部 10min，可消灭大部分附着的粉蚧。每定植穴结合施基肥施生石灰 1000g 既能杀灭粉蚧虫的传播媒介蚂蚁，又能降低红壤土酸度，有利于菠萝生长。

4. 及早巡园检查，当发现中心虫株时对该株及吸芽萌芽一并铲除，然后在中心株周围 50～60cm 范围内撒上生石灰 200～300g。在粉蚧大量发生时，喷射松脂合剂。夏季为 20 倍液，冬季为 10 倍液，效果很好。

5. 生物防治。

据报道，菠萝粉蚧的寄生天敌有跳小蜂、长索跳小蜂，捕食天敌有孟氏隐唇瓢虫、小毛瓢虫、红额艳瓢虫、粉蚧瓣饰瘿蚊。国外学者曾对菠萝粉蚧的天敌进行了一些基础性研究。热带大头蚁、伊蚁、火蚁等与菠萝粉蚧之间有互惠共生关系，粉蚧为这些蚂蚁提供食物，而蚂蚁对粉蚧具有保护作用，使得自然天敌无法对菠萝粉蚧实施有效攻击，防治蚂蚁后粉蚧的种群数量将显著降低。

6. 田间防治。

以化学防治为主。加强田间调查测报，抓准在该虫卵盛孵期喷药。可选用 25% 喹硫磷乳油 1 000～1 500 倍液、70% 噻虫嗪种子处理可分散粉剂（锐胜）5 000～8 000 倍液、48% 毒死蜱乳油 1 000 倍 + 3% 啶虫脒乳油 1 500 倍液、22.4% 螺虫乙酯悬浮剂 3 000 倍液等；冬、春两季使用稀释 10～20 倍的松脂合剂防治效果也好。

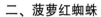

二、菠萝红蜘蛛

菠萝红蜘蛛，叶螨科。在菠萝产区发生较为普遍。

（一）为害症状

成虫以口器刺破叶或根的表皮，吮吸汁液，使受害部位呈褐色。发生严重时，叶片凋萎，果实干缩，甚至全株枯死。

（二）形态特征

成螨体长圆形或卵圆行，长约 1mm，有足 4 对，体红色。肉眼看它像橙红色小点，故统称"红蜘蛛"。

（三）发生规律

通常聚集于重叠的叶际。有时进入花腔内，伤害花腔的里层。受害部位易受其他病菌感染，果实不能用来制作罐头。夏、秋高温干旱季节受害严重，如不及时防治，则会由局部扩展到全园。

（四）防治方法

1. 高温干旱时期主要巡园检查及时喷药防治。菠萝红蜘蛛盛发前应及时喷药防治。药剂选用石硫合剂 0.3 波美度、洗衣粉 300～400 倍液、亚胺硫磷 600 倍液、20% 双甲脒乳油 1 000～1 500 倍液或 24% 螺螨酯乳油 3 000～5 000 倍液进行喷杀。

2. 喷药要均匀周到，同时注意轮换用药，避免该虫产生抗药性。如果是局部发生，则应进行挑治，不可在全园普遍用药。

三、蛴螬

蛴螬，是金龟子幼虫的通称。金龟子属鞘翅目，金龟子科，俗称地狗子、白土蚕等，为菠萝的重要地下害虫。分布全国，种类繁多，为害甚广。

（一）为害症状

幼虫藏匿在土中啮食菠萝植株的地下茎和幼根与芽。受害的植株，初期叶片褪绿，植株和果实生长不良。后期叶片变红，失去光泽，叶尖收缩、干枯。轻则根部还剩下几条根，重则根部全被啮食，地下茎被啮成不规则的大小缺口和洞口，大伤口中还出现绿霉和疫霉菌寄生，发生腐败，无法继续生长下去。在干旱季节，植株叶片变成深红色，下垂凋萎，严重者全株干枯或果实萎缩，停止不长，甚至死亡，受害植株一拔即起。主要原因是由于施用未腐熟的堆肥、垃圾或豆饼作基肥，有机质较多、土质疏松的新植区，有利于金龟子产卵和蛴螬生长，则受害严重。

（二）形态特征

金龟子种类繁多。常见的有铜绿金龟子和大绿金龟子。其中，铜绿金龟子发生普遍，为害严重。铜绿金龟子成虫体背及鞘翅为铜绿色，有光泽。虫体腹面及足，均为黄褐色。卵椭圆形，乳白色，后逐渐变淡黄色。幼虫头黄褐色，体乳白色，身体向腹面弯曲呈"C"形，胸腹背面有许多皱纹，有胸足三对。

（三）发生规律

该虫一年发生1代，以幼虫在土中越冬。成虫昼伏夜出，出现盛期时间各地不同。在广西地区每年的出现盛期为5～7月。成虫食量大，食性杂，可食害菠萝等多种果树的叶片，有强烈的趋光性和假死性。幼虫零星分布在菠萝园中，咬食地下茎和幼嫩根，受害植株一般很少死亡。幼虫会转移至周围植株为害，被害植株茎基部残留的根会萌发新根，恢复生长，只有在伤口处感染绿霉菌和疫霉菌，并引起腐烂时，植株才死亡。有机质多和土壤质地疏松肥沃的新植区，有利于金龟子产卵和幼虫的生长发育，因而菠萝受害特别严重。另外，施用未腐熟厩肥和未加杀虫剂的堆肥、垃圾与猪牛粪等作基肥时，菠萝植株受害也严重。

（四）防治方法

1. 开荒建园宜全垦，铲除杂草中间寄主。定植前在定植穴中喷施乐斯本或毒死稗 800～1 000 倍液可杀死幼虫。

2. 5～7 月为成虫发生期，可结合农事活动人工捉虫，并在果园用 200～500W 灯光或黑光灯诱杀成虫，安装灭虫灯每 10 亩 1 台。

3. 药剂防治于傍晚洒 90% 敌百虫 800 倍液、480g/L 毒死蜱乳油 4 000 倍液、40% 辛硫磷乳油 4 000 倍液、金龟子绿僵菌油悬浮剂 1 500～2 500 倍液等；6～8 月，结合根外追肥，发现有幼虫为害时，在肥料中加入 800 倍敌百虫液，或用敌敌畏液淋湿菠萝植株基部，以杀死地下金龟子幼虫；将堆肥或垃圾淋洒敌百虫或乐果药液后进行堆沤。

四、大蟋蟀

大蟋蟀，俗称土猴、土狗、肥腿、剪刀汉、蛐蛐和竹蟀，分布于广东、广西、福建、台湾和云南等地。

（一）为害症状

蟋蟀是杂食性、夜出性的害虫，在疏松的砂土地带为害猖獗。该虫食性杂，取食多，以野生植物的嫩茎、子实或块根为食。为害菠萝时，成虫、若虫在果实上咬成许多 1～2cm 大的孔洞，洞口流胶。果实成熟度不到七成以上的，果肉有香甜味，水分多的会导致病菌入侵而腐烂，还会招引鼻涕虫、独角仙和黄蚂蚁等，爬入伤口咬食，使伤口扩大加深，腐烂扩大，造成果实提早成熟，糖分低，水分少，风味不浓。同时，也会引起病原菌入侵，造成果实腐烂，无法食用和加工。果实成熟前或采果后，该虫咬食苗心内层几张叶片的叶肉，留下纤维，使受害部分逐渐枯死。蟋蟀的为害，使菠萝的损失率达 5%，次果率达 30%，为害严重的地段，损失率与次果率分别高达 11% 和 50% 以上。

（二）形态特征

大蟋蟀体长 30～40mm，肥壮。雄虫长约 28mm，背面呈黑褐色，有光泽，腹面黄白色头部光滑，头顶红褐色中单眼新月形，侧单眼圆形，淡黄色；触角比身体长 1.5 倍以上；前胸大，前胸背板的前缘远较后缘广阔，大部分呈黑褐色，两侧缘黄白色；前翅长，几乎达到腹末，网纹复杂，中后部有圆形发音器。雌虫色较淡，前翅网纹简单，无发音器，腹末产卵管扁平，其他与雄成虫相似，体色较浅，随着龄期的增长，体色逐渐加深。若虫共 7 龄。

（三）发生规律

大蟋蟀一年发生 1 代，以若虫在石缝或菠萝和杂草的根际土壤中越冬，第二年春暖后开始活动。在广东和福建南部，越冬若虫于 3 月上旬开始活动；在广西南宁市于 4 月中旬，气温达到 25～28℃时，越冬幼虫开始化蛹，4 月下旬化蛹盛期，5 月下旬化蛹完毕。蛹期一般为 10～12 天，最长 20 天。5 月下旬到 6 月上旬，最长 20 多天，是 2～3 龄若虫活动的时期。随后，若虫逐渐变成成虫。若虫和成虫白天潜伏在菠萝根际的杂草和土缝中。多数成虫是在傍晚交尾，晚间外出活动，上半夜比下半夜多。如遇闷热天气活动更加频繁。6～9 月是南方地区的雨季，蟋蟀因喜干燥忌潮湿，而常从土穴移居于菠萝根际和包扎果实的保护物中，咬食果实，因而成为菠萝果实受害严重的时期。此时进行诱杀，收效甚微。

（四）防治措施

1. 用敌百虫拌炒香米糠，制成毒饵，用米糠 5kg 炒熟后，与熟番薯 1kg，调入少量咸菜汁再加 90% 敌百虫 100g，做成黄豆粒大的毒饵，放在植株周围诱杀蟋蟀，撒在蟋蟀出入的地方进行毒杀。

2. 从傍晚 5 时开始到晚上 12 时止，用 500 倍敌敌畏溶液施药一次。虫多时，每 7~10 天施药一次，连施 2~3 次。这样做除了可以杀除大蟋蟀以外，对独角犀、金龟子和大螟等害虫也可以同时杀灭。

五、独角犀

独角犀，又称独角仙，俗称吱喳虫、鸡母虫。属鞘翅目，金龟子科，独角仙亚科。

（一）为害症状

成虫咬食菠萝的果实，常几只、十几只群集在果实上取食，把整个果实咬食一空。菠萝果实成熟前和采收后，成虫危害心苗，从里向外，咬食苗心内层几张叶片基部的叶肉，留下纤维，使叶片逐渐枯死。广西等一些菠萝产区，菠萝受害相当严重，损失很大。

（二）形态特征

成虫体长 30~45mm，是体型较大的甲虫种类之一。虫体卵圆形，黑褐色，有光泽。雌、雄成虫形态区别很大。雄虫头顶有一粗大角状突起物，向上翘，向后弯，末端分叉；前胸背板上均有长角状突起。雌虫头胸部无角状突起物。卵为圆形，乳白色，后渐变为污黄色。幼虫黄白色，圆筒形，常弯曲，全体有横皱，密生短细毛。蛹黄白色，雄蛹比雌蛹大，雄蛹角状突起明显。

（三）发生规律

独角仙在广西地区一年发生 1 代，以幼虫在堆肥或有机质多的土壤中越冬。次年 4 月下旬，气温回升时，越冬幼虫开始化蛹。4 月下旬为化蛹盛期。5 月上旬，蛹开始羽化为成虫，5 月中旬为羽化盛期。成虫在土壤中栖息，晚上 7：00~8：00 时爬出土层活动。成虫有发音器，能发出"吱喳"的声音。成虫群集咬食菠萝果实，使果实残缺并腐烂，失去商品价值。除果实之外，还为害心苗叶片，造成叶片枯死。雌成虫产卵在有机质多的堆肥或疏松的土壤中。产卵期为 6 月中旬至 7 月末。卵期平均为 12 天。幼虫在土中生活，冬季一般在表土 30cm 以下处，最深为 60cm 处，春末夏初在地下 30cm 上下处，最深达 45cm 处。幼虫老熟后，在土中做室化蛹。

（四）防治方法

1. 加强蟋蟀防治，减少果实伤口，避免受独角犀为害。

2. 腐熟的堆肥和厩肥，常是越冬幼虫集中带场所，最好在每年 4 月底以前用完。施肥时发现有幼虫和蛹，要及时消灭。

3. 采取人工捕捉方法，消灭盛发期的成虫。

六、白蚁

白蚁，俗称白蚂蚁、大水蚁、涨水蚁等，属等翅目。

（一）为害症状

白蚁蛀食植株皮、茎干、根部和果实，为害严重时，使地上部枯死。

（二）发生规律

丘陵旱地的菠萝地有白蚁发生并为害，但以红壤、黄壤土上发生白蚁较多，为害较重。干旱是白蚁为害严重的重要条件。在干旱季节，白蚁以增加取食来弥补大量需要的水分。靠近白蚁群较多的荒山野林的菠萝园或在灌木杂草丛生地段新开垦的菠萝园，常发生白蚁为害。

（三）防治方法

1. 新建菠萝园，在开垦后、犁耙整畦前，用防白蚁药均匀撒施在土面上，然后用犁耙起植畦，以杀死土中的白蚁群及其他地下害虫。

2. 定植时把苗的枯叶剥除，可减轻白蚁为害。

3. 寻找蚁穴，消灭巢群。

七、象鼻虫

象鼻虫是鞘翅目昆虫中最大的一类。

（一）为害症状

此虫的幼虫自结果株的茎蛀入果实，将果实毁掉。亦可为害正在生长的幼嫩吸芽，并穿洞至生长点，使吸芽不能作繁殖种苗用。

（二）发生规律

该虫主要发生在环境潮湿的菠萝园。

（三）防治方法

从中南美洲引入菠萝种质资源时应注意检疫，防止该虫传入我国。同时，搞好菠萝园的排水、防潮、通风、透光工作，使园内环境不利于该虫的生存，从而防患于未然。

八、东风螺

（一）为害症状

东风螺在菠萝成熟的 6~8 月，咬食成熟菠萝果实的基部。菠萝果实被咬后，留下一个或多个深浅不一的疤痕，影响销售价值。此虫也可为害幼苗的叶片。

（二）发生规律

每年高温多雨季节，东风螺活动猖獗，尤以 7~8 月为害最严重。5~6 月为其产卵盛期。冬季，该虫则钻入土中或落叶堆里越冬。

（三）防治方法

在盛发期的早晨或黄昏，到菠萝园内进行人工捕捉，以雨后清晨捕捉效果最佳，也可在苗圃地周边撒布石灰，防止东风螺从外边爬入苗床为害。

第八章 采 收

果实成熟的标志是果皮由绿色逐渐变为草绿色，进而变为该品种特有的黄色或橙黄色，具光泽；果肉由白色逐渐变为淡黄色或黄色，呈半透明状；果肉由硬变软，具浓香味。卡因类比皇后类晚熟 20~30 天。

根据用途和市场远近决定采收成熟度，近销或就近加工的果实在 1/2 小果转黄时采收，远销及远加工的在 1/4 小果转黄时采收。此外，台农 16 号、台农 18 号、台农 19 号菠萝以及经过萘乙酸处理的果实或者肉声果（容易发生青皮黄），由于果皮比较绿，因此，必须以果眼展开以及果实弹声作为采收标准。果实弹声指以拇指弹打果实表面，发出似弹打人体皮肉之声音者即已成熟。若等到果皮变黄后才采收，果实已经过于成熟而使品质变劣。雨天不宜采收。加工的除去顶芽。采收全过程应轻采轻放，防止机械撞伤。采后及时剔除坏果、伤果、病果，分级包装调运，减少损失。

第九章 分级和包装

菠萝分级原则上以国家的标准为适宜，具体的见表9-1。分级后应立即进行包装，国内运输多采用竹筐上车，批发销售，我国台湾目前采用纸箱单层包装。每个果实之间需要用隔板隔开，果顶向上，果梗向下，纸箱大小因市场不同，每个箱内可以装3个、6个或者12个菠萝，菠萝之间彼此大小基本一致，纸箱外面印刷有商标和产地等信息，在大陆种植菠萝的部分台商已经引进这样的包装方式。

目前，菲律宾进入我国的菠萝在沃尔玛超市销售每个菠萝均有挂牌，上面标有品种名称，商标、产地、保存方式、食用方式以及菠萝的简易切削方式，非常重视品牌效用和售后服务，菠萝的销售价格是我国散装销售的2~3倍。

表9-1 不同菠萝品种的等级规格要求

指标 品种	不同等级单果重量（具冠芽）		春季果实可溶性固形物含量（%）
	特等品（g）	一等品（g）	
巴厘	1 500 ~ 2 000	1 250 ~ 1 499	≥13.0
台农11号（香水）	1 500 ~ 2 000	1 250 ~ 1 499	≥14.0
台农16号（甜蜜蜜）	1 500 ~ 2 000	1 250 ~ 1 499	≥14.0
台农17号（金钻）	1 500 ~ 2 000	1 250 ~ 1 499	≥13.5
金菠萝（MD2）	1 750 ~ 2 500	1 500 ~ 1 749	≥14.0

第十章　菠萝的食用方法

新鲜菠萝的食用一般分为鲜食和榨汁，鲜食菠萝在果实采摘后必须经过一个晚上的低温，散发田间热后食用，商场购买的根据情况，果实表面没有热感时候即可食用。菠萝新鲜食用有 3 种方法。

1. 切去果实的颈部和底部，垂直放在案板上，用刀切去周围的果皮，然后分割成小块食用，遇到病害部分可以切除。食用时，年轻人可以食用大块，中老年食用尽量切小，用牙签或者叉子分食，食用的量大时，可以用菠萝块蘸 5% 左右的食盐水食用，这样可以钝化菠萝酶对口腔的危害。也可以过滤掉残留在果面上的小苞片等残渣。

2. 切去果实的颈部和底部，将果实平放在案板上，仿照吃西瓜的方法，把菠萝分成若干等份分吃。也可以采用第一种的蘸 5% 左右的食盐水食用。有些菠萝心可以食用，有些不能食用则必须切除。

3. 将菠萝沿着果眼螺旋方法切去果眼表皮，然后切去果实的颈部和底部，平放在案板上，把菠萝分成 4 等份，放进淡食盐水中销售，也有的是采用糖水浸泡销售，销售对象往往是年轻人或者小孩子。这种方法常常为零售商贩采用，其目的是提高果实的食用率，增加销售部分的体积和重量。

菠萝量大或者不方便鲜果实用的时候，加工成菠萝汁液食用方便简单。具体方法为：应选新鲜、纤维少、肉柔软多汁、甜酸可口的菠萝。剔除腐烂果、病虫果及未成熟果。采用切西瓜的方式，切成若干小块，放入果汁机中压榨即可食用，注意清除掉果皮中的小薄片等其他杂物。

附件1 海南名牌农产品 菠萝

NY

海 南 名 牌 农 产 品 标 准

DBHN /009—2014

海南名牌农产品 菠萝

2014-12-15 发布   2015-1-1 实施

海南省农业厅 发布

前　　言

本标准按照 GB/T 1.1 – 2009 给出的规则起草。

本标准由海南省农业厅提出并归口。

本标准起草单位：中国热带农业科学院热带作物品种资源研究所、海南省植保植检站。

本标准主要起草人：贺军虎、马　叶、陈业渊、陈华蕊、张曼丽、黄海杰、张　蕾、朱　敏、魏军亚、陈剑山、李　鹏、赵小青、何书强。

海南名牌农产品 菠萝

1 范围

本标准规定了海南名牌农产品菠萝的生产管理、试验方法、检验方法、标志、包装、运输和贮存。

本标准适用于海南名牌农产品菠萝的评选和认定。

2 规范性引用文件

下列文件对于本文件的应用是必不可少的。凡是注日期的引用文件，仅所注日期的版本适用于本文件。凡是不注日期的引用文件，其最新版本（包括所有的修改单）适用于本文件。

GB 2762 食品中污染物限量

GB 2763 食品中农药最大残留限量

GB/T 8321 农药合理使用准则（所有部分）

GB/T 8855 新鲜水果和蔬菜的取样方法

GB/T 12293 水果、蔬菜制品可滴定酸度的测定

NY/T 750 绿色食品热带、亚热带水果

NY/T 1278 蔬菜及其制品中可溶性糖的测定铜还原碘量法

NY/T 1477 菠萝病虫害防治技术规范

NY/T 2001 菠萝贮藏技术规范

NY/T 5023 无公害食品热带水果产地环境条件

3 术语和定义

3.1 畸形果

冠芽或者果实发育不正常。例如果实无冠芽、多冠芽、冠芽扇形、果实基部有瘤果等。

3.2 水心果

切开后，果肉剖面呈现水浸状的果实。

3.3 肉声果

用手指轻弹回音浑浊不清的果实。

4 生产管理

4.1 建园

宜选择土层较深，疏松透气，有机质含量高，pH 值 4.5 ~ 6.0 的土壤建园，坡度小于 20°。产地环境条件按照 NY/T 5023 标准执行。

4.2 种植时间

巴厘品种宜在 8 ~ 9 月种植，台农 11 号、16 号、17 号及金菠萝宜在 9 ~ 11 月种植。

4.3 种植方法

4.3.1 种苗要求

巴厘品种的裔芽种苗高度应不小于 30cm，台农系列和金菠萝不小于 40cm。种植前晾晒一周，种植时切老根至见芽点。

4.3.2 种植密度

种植密度为每 $667m^2$（亩）2 500 ~ 3 500 株。大行距 0.7 ~ 1.1m，小行距 0.4 ~ 0.6m，株距 0.35 ~ 0.5m。

4.3.3 种植模式

采用大、小行种植，小行间采用黑色地膜覆盖。不同降雨地区的大行间可以采取不同的耕作模式。降雨多的地区大行之间覆膜或者清耕；降雨少的地区大行之间宜覆膜、覆草。降雨大的地区平地果园需要起垄种植，并注意排涝。

4.4 水分管理

苗期、花蕾抽生期、果实发育期遇干旱应及时灌水，主要采用行间喷灌或者小行薄膜下滴灌进行。雨季注意排涝。

4.5 施肥管理

4.5.1 基肥

开好定植沟（穴）后施入。每 $667m^2$ 施过磷酸钙 50kg，并混合施入禽畜粪 500 ~ 1 000kg 或生物有机肥 50 ~ 100 kg + 花生饼或菜子饼 100kg。

4.5.2 营养生长期施肥

植株开始抽生新叶至长出 4~5 片新叶期间，分 3 次用高氮型复合肥料，每 667m² 每次不超过 20~30kg；中苗期后分 2 次施肥，第 1 次每 667m² 用尿素 20~30kg + 硫酸钾 10~15kg 混施；第 2 次每 667m² 混合施入尿素 15~20kg + 硫酸钾 20kg + 过磷酸钙 50kg。催花前一个月停止施肥。

4.5.3 壮蕾肥

在催花现红点后，每 667m² 用复合肥 20kg + 硫酸钾 10kg 混施。

4.5.4 壮果肥

抽蕾后，每 667m² 用复合肥 20~30kg + 硫酸钾 10kg 混施。

4.5.5 叶面肥

营养生长期，每月喷施 1 次叶面肥，推荐用 1% 尿素 +0.2% 磷酸二氢钾混合液。

开花末期推荐用 1% 磷酸二氢钾溶液喷果面 1 次。20~30 天后，再用 1% 氯化钾溶液喷施 1 次。

果实发育期每月喷施 0.1% 硝酸钾 1~2 次、0.1% 硝酸钙镁 1 次，防止裂果。

4.6 催花

巴厘品种叶片长度 35cm 以上的数目达 30~35 片以上，台农 11、16、17 号及金菠萝叶片长度 50cm 以上的数目达到 30 片左右可以催花。催花的药剂主要有乙烯利和乙炔（电石）。催花药剂的使用浓度、次数依品种及催花季节而异，一般为 40% 乙烯利 400~800 倍液、乙炔 1.5~2.0% 的水溶液，连续喷 2~3 次，每次间隔 1~3 天。灌满株心。

4.7 护果

采收前 1 个多月，用纸袋或者网袋对果实进行套袋护果，避免果皮受到日灼。

4.8 病虫害防治

4.8.1 防治原则

应贯彻"预防为主、综合防治"的植保方针。推广绿色防控技术，注意保护天敌。侧重使用农业防治、物理防治和生物防治等非化学防治措施。

4.8.2 主要病虫害防治

主要病虫害防治见附录 A。其他病虫害防治按照 NY/T 1477执行。使用药剂应严格按照 GB/T 8321 规定执行。化学农药使用应有记录，可追溯。

4.9 果实采收

4.9.1 采收成熟度

根据用途和市场需求决定采收适期。加工或远销的菠萝果实七八成熟时采收，本地销售的果实成熟度要在九成熟时采收。

4.9.2 采收要求

依据成熟度分批采收。在晴天上午露水干后或阴天采收，雨天不宜采收。果实采收时要保留冠芽。

4.10 果实分级

4.10.1 基本要求

（a）果形端正，成熟后具有该品种固有的色泽、香味。果实新鲜，酸甜可口。

（b）不允许出现畸形果、肉声果、水心果、果瘤、裂果、日灼、机械损伤果、虫咬果，黑心果及其他病虫果。

（c）冠芽长度不小于 10cm，但不超过果实纵径的 1.5 倍。顶芽与果实接合良好。

（d）果柄长 2.0~2.5cm，切口平整光滑。无苞片。

（e）果实能经得起运输和处理，到达目的地时保持良好状态。

4.10.2 等级规格

不同菠萝品种的等级规格要求

指标 品种	不同等级单果重量（具冠芽）		春季果实可溶性固 形物含量（%）
	特等品（g）	一等品（g）	
巴厘	1 500～2 000	1 250～1 499	≥13.0
台农11号（香水）	1 500～2 000	1 250～1 499	≥14.0
台农16号（甜蜜蜜）	1 500～2 000	1 250～1 499	≥14.0
台农17号（金钻）	1 500～2 000	1 250～1 499	≥13.5
金菠萝（MD2）	1 750～2 500	1 500～1 749	≥14.0

备注：

（a）冬季果实和夏季果实的可溶性固形物含量分别下调、上调0.5%～1.0%。

（b）果实可溶性固形物的含量应在果实采收后达到最佳可食品质时测定。

（c）各等级果实中允许有5%的不符合该规格等级要求的果实。

5 试验方法

5.1 取样方法

按GB/T 8855中有关规定执行。

5.2 感官检验

将样本置于自然光下，用目测法检验：新鲜度、腐烂、病虫害、污染物。用鼻嗅法检验异味。黑心病用剖切法检验。对于不合格的产品做各项记录，并计算百分率，结果保留到小数点后一位。

5.3 果实重量测定

用电子天平称量，分别记录单果重量。

5.4 果实营养成分

5.4.1 可溶性固形物含量

按照NY/T 750执行。

5.4.2 可溶性糖含量

按照NY/T 1278执行。

5.4.3 可滴定酸含量

按照 GB 12293 执行。

5.4.4 糖酸比

可溶性糖含量与可滴定酸含量的比值。

5.5 卫生指标

5.5.1 污染物指标

按照 GB 2762 规定的要求测试并符合其限量标准。

5.5.2 农药残留量指标

按照 GB 2763 规定的要求测试并符合其限量标准。

6 检验方法

6.1 检验分类

6.1.1 型式检验

有下列情形之一者应进行型式检验。

（a）产品评优、出口、国家质量监督机构或行业主管部门提出型式检验要求。

（b）供需双方商定的要求。

6.1.2 交收检验

每批产品交收前，生产单位或收货单位应进行交收检验。交收检验内容包括基本要求、等级规格、标志和包装。

6.2 组批检验

同一产地同时采收的产品作为一个检验批次。

6.3 抽样方法

按 GB/T 8855 中有关规定执行。报验单填写的项目应与实货相符，凡与实际不符或包装严重损坏，应由交货单位重新整理后再进行抽样。

6.4 判定

6.4.1 凡卫生指标不合格者，判定为不合格产品。

6.4.2 每件净重量低于标志上标明重量的 95%，判定为不合格产品。

6.4.3 整批产品等级合格率超过 95%，且卫生指标合格，判定为海南名牌农产品菠萝。

7 标志、包装、运输和贮存

7.1 标志

应标明产品名称、品种、产品的标准编号、产地、生产单位名称、净重和包装日期等。标志上的字迹应清晰、完整、准确。

7.2 包装

包装应依照不同的规格等级分级包装。每箱内装 5～10 个菠萝，果实之间用隔板隔开。

包装材料应透气，在运输过程中不变形，避免对果实造成损伤。

7.3 运输

运输工具应清洁，有防晒、防雨和通风设施。运输过程中不得与有毒、有害物质混运，小心装卸，严禁重压。货物进站后，应在 48 小时内装车发运。

7.4 贮存

贮存按照 NY/T 2001 标准执行。贮存场所应清洁、通风、有防晒防雨设施。

附件 2 菠萝主要病虫害及其防治技术

防治对象	农业防治	药剂防治	使用方法
粉蚧	①园地开垦时清除野生杂草及灌木； ②发现虫株时铲除，并在其周围50~60cm撒生石灰200~300g	①25%噻嗪酮悬浮剂 1 000~1 500倍液； ②48%毒死蜱乳油 100 倍 + 3%啶虫脒乳油 1 500 倍液； ③ 22.4% 螺虫乙酯悬浮剂 3 000倍液	灌根
凋萎病	①加强检疫，控制病区和病田的种苗作为种植材料输入新植区或新园； ②对携带有粉蚧的种苗，在定植前应使用药剂浸泡晾干方可种植	①毒死蜱 480g/L 乳油 1 000 倍液； ② 辛硫磷 40% 乳油 1 000 倍液； ③5% 氨基寡糖素水剂 1 000 倍液	浸泡、灌根喷雾
心腐病	①搞好园地备耕，并建设排水系统，保证园地不积水； ②选用壮苗，种植前经7~10天阴干。前茬发病较严重的果园应使用杀菌剂浸泡、晾干后选晴天种植，发现病株及时拔除，同时使用杀菌剂保护邻近植株； ③加强栽培管理。发现病苗及时拔除烧毁，病穴经翻晒并用石灰或药剂消毒后再补苗	①18.7%烯酰·吡唑酯水分散粒剂800倍液； ②50%烯酰吗啉可湿性粉剂 1 500倍液； ③72%霜脲氰·代森锰锌可湿性粉剂 500 倍液； ④52.5%噁唑菌酮·霜脲氰水分散粒剂 1 500 倍液	喷雾
根线虫病	①选用无虫健康种苗，不在根线虫病区采购种苗，禁止带有线虫病根的植株移植到无病区； ②已发病菠萝园加强管理，增施有机肥，促发新根，减轻受害	①每亩施 10.2% 阿维·噻唑 1 000g； ②5.5% 阿维·噻唑膦 800~1 000倍液	撒施灌根

主要参考文献

[1] 郑有诚. 菠萝高产栽培技术 [M]. 海口：海南出版社，三环出版社，2007.

[2] 黄辉白 热带亚热带果树栽培学 [M]. 北京：高等教育出版社，2003.

[3] 程永雄，黄子彬，徐信次，等. 农业推广教材—凤梨栽培管理技术，行政院农业委员会农业试验所嘉义农业试验分所，2002.

[4] 孙光明、菠萝栽培技术 [M]. 昆明：云南教育出版社，2013.

[5] 刘传和，刘岩. 我国菠萝生产现状及研究概况 [J]. 广东农业科学，2010，10：65－68

[6] 赵维峰，魏长宾，杨文秀，等. 中微量元素对菠萝品质的影响研究 [J]. 安徽农业科学，2009，37（27）：13 042～13 053.

[7] 张治礼，范鸿雁，华敏，等. 菠萝开花诱导及其生理与分子基础 [J]. 热带作物学报 2012，33（5）：950～955

[8] 刘胜辉，臧小平，张秀梅，等. 乙烯利诱导菠萝花芽分化过程与内源激素的关系 [J]. 热带作物学报，2010，31（9）：1 487～1 492

[9] 张兴旺. 菠萝的需肥特性和施肥要点 [J]. 农村实用技术，2004，03：26～27.

[10] 周柳强，张肇元，黄美福，等. 菠萝的营养特性及平衡施肥研究 [J]. 土壤学报，1994，01：43－47

[11] 刘传和，刘岩，易干军，等. 不同有机肥影响菠萝生长的生理生化机制 [J]. 西北植物报，2009，29（12）：2 527～2 534

[12] 陈菁，石伟琦，孙光明，等. 叶面喷施 Mg、Fe、Zn 对菠萝生长和产量的影响 [J]. 热带农业科学，2012，32（6）：4～6

[13] 谢盛良，刘岩，周建光，等. 水肥一体化技术在菠萝上的应用效果 [J]. 福建果树. 2009（4）：33～34

[14] 习金根，孙光明，臧小平，等. 锌对菠萝幼苗生长发育及生理代谢的影响 [J]. 热带作物学报，2007，28（4）：6～9

[15] 马海洋，石伟琦，刘亚男，等. 氮、磷、钾肥对卡因菠萝产量和品质的

影响 [J]. 植物营养与肥料学报, 2013, 19 (4): 901～907

[16] 冯荣扬, 梁恩义. 菠萝粉蚧发生规律及防治 [J]. 中国南方果树, 1998, 27 (25): 28～29

[17] 黄守宏, 翁振宇, 郑清焕. 菠萝嫡粉介壳虫在台湾危害落花生之新记录 [M]. 植保会刊（台湾）, 2002, 44: 141～146

[18] 沈会芳, 林壁润, 孙光明, 等. 海南菠萝心腐病菌烟草疫霉的生物学特性研究 [J]. 广东农业科学, 2014, 41 (2): 92～94